酸酸甜甜的地球科學糖果

探索地球科學裡的10個關鍵字

陽華堂——著 朴宇熙——圖
徐小爲——譯

地球科學

前言

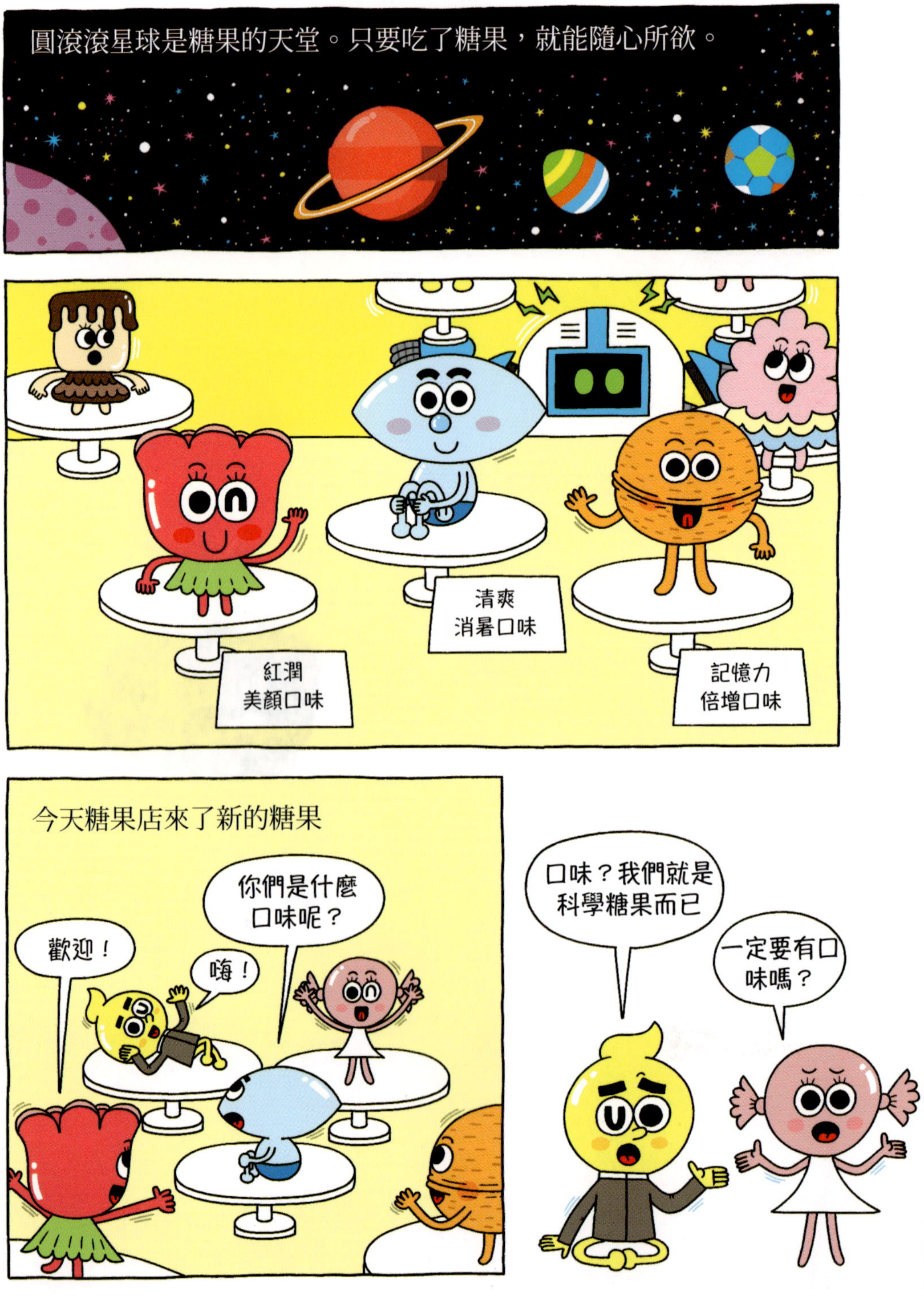

圓滾滾星球是糖果的天堂。只要吃了糖果，就能隨心所欲。
清爽
消暑口味
紅潤
美顏口味
記憶力
倍增口味
今天糖果店來了新的糖果
你們是什麼
口味呢？
歡迎！
嗨！
口味？我們就是
科學糖果而已
一定要有口
味嗎？

當然啊！
沒有味道的糖果就不是糖果了！
沒有專屬口味的話就不受歡迎了！
我們也想要！
傳說去太陽系找到10個關鍵字就可以了喔！
找10個關鍵字？
馬上前往太陽系吧！
我想找到最厲害的口味！
出發！
我是會變身的蛋蛋機器人，我來幫你們！

尋找10個關鍵字，GO, GO!

太陽系

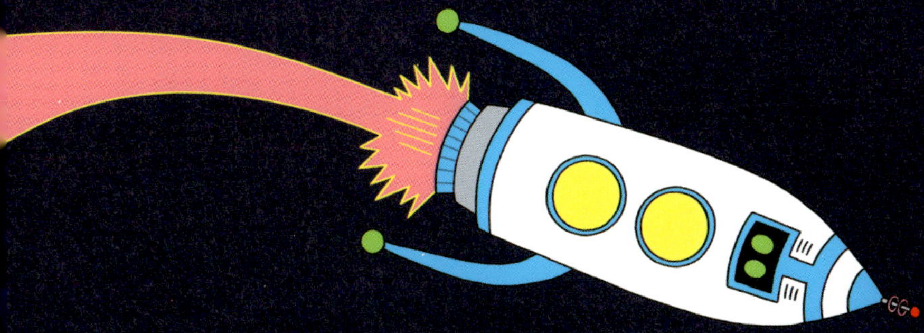

地球

天氣

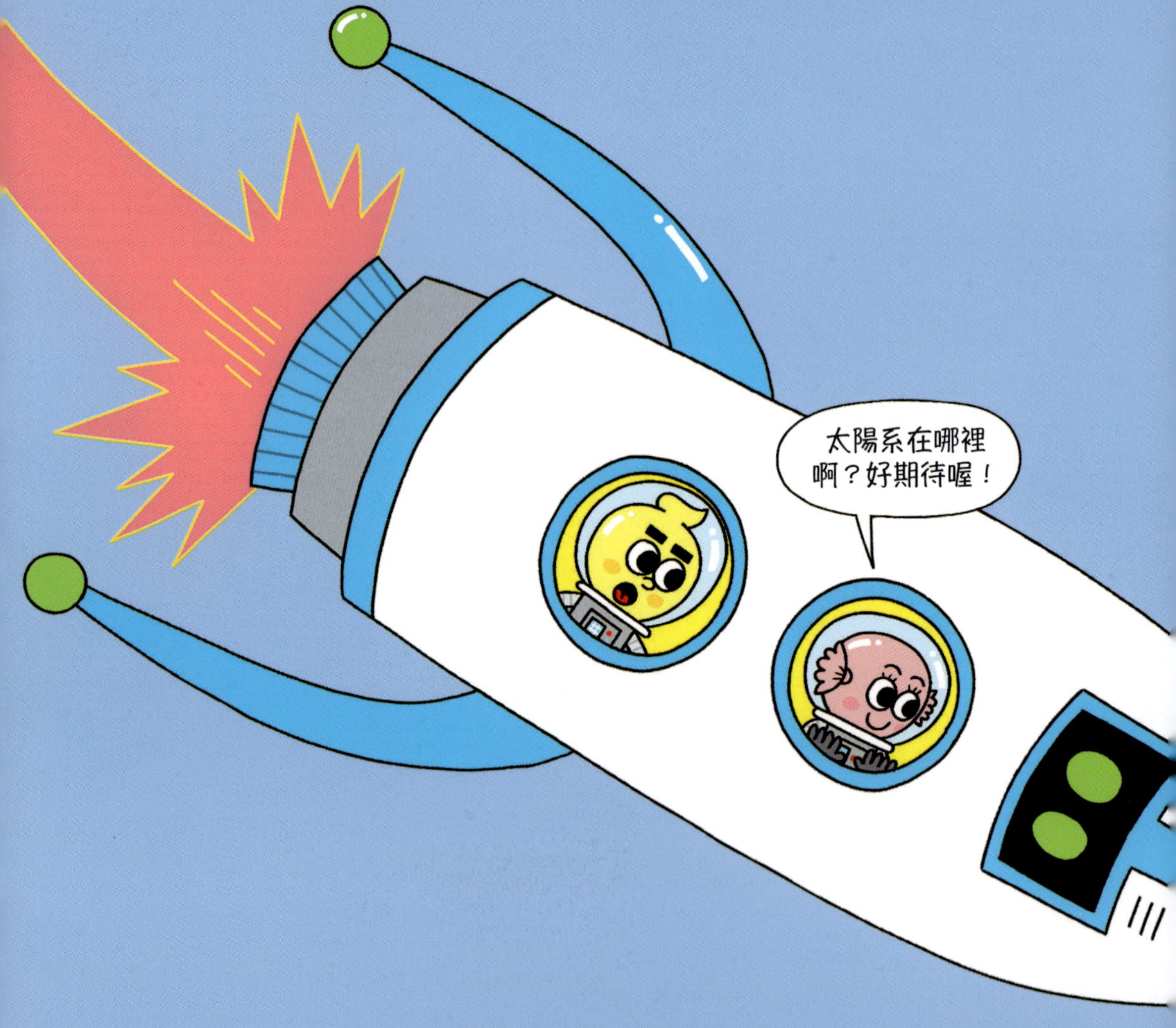
太陽系在哪裡
啊？好期待喔！

太陽系

這裡就是太
陽系啊？
好多閃閃發光
的東西喔

星星

我們是閃著紅、藍、黃光的星星，
猜猜我們在哪裡呢？

1 糖果包裝紙上

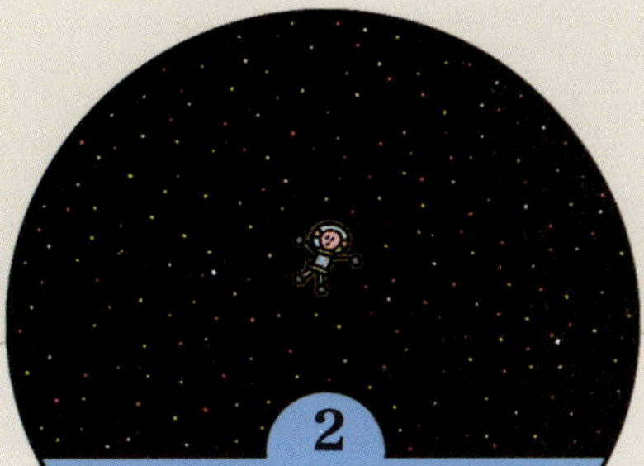

2 無邊無際的宇宙

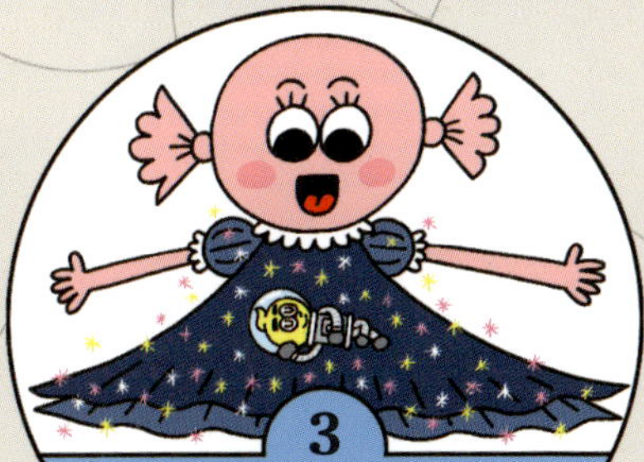

3 閃亮亮的洋裝上

4 聖誕樹上

1

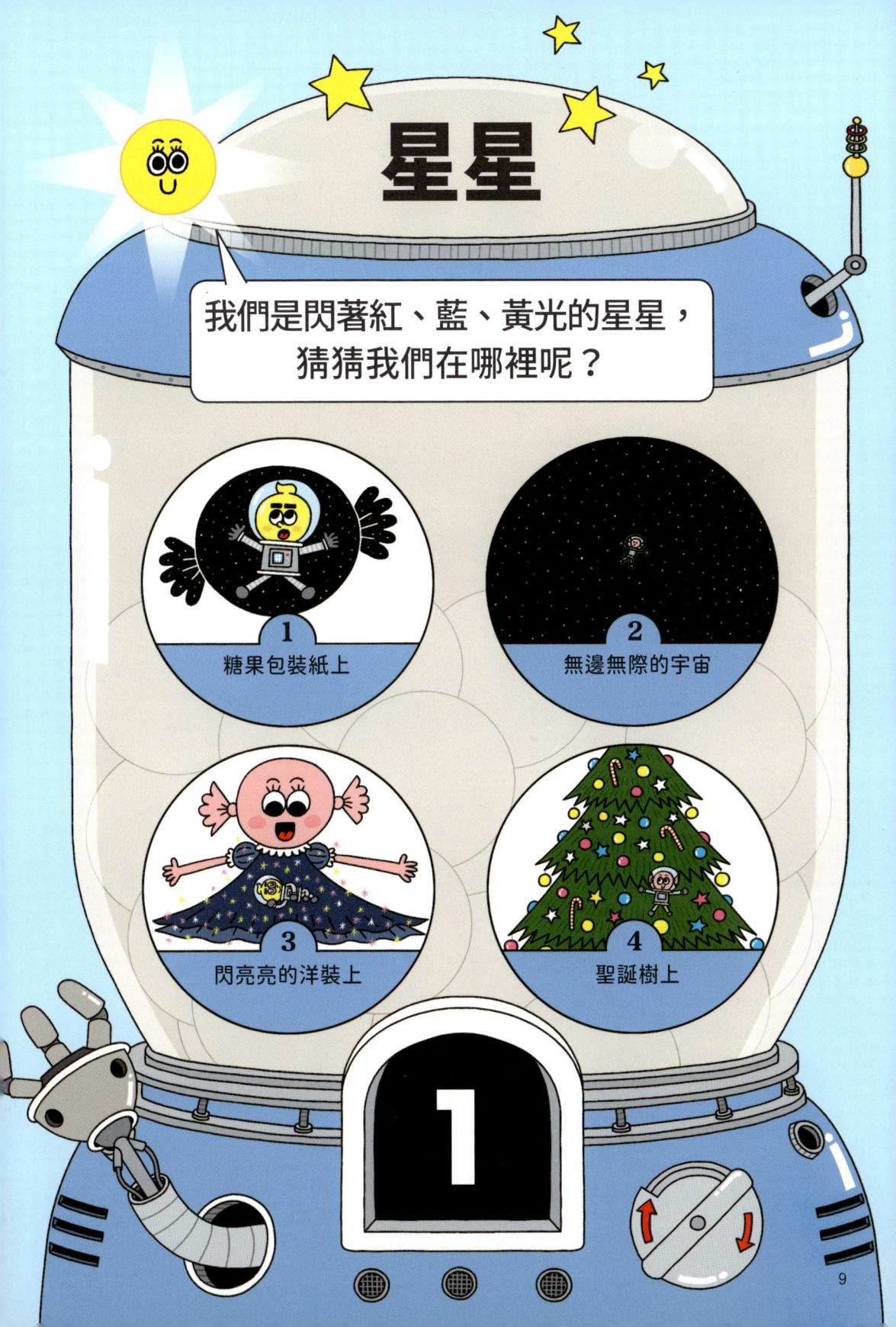

2 無邊無際的宇宙

宇宙是非常非常寬廣的地方。

想從這一頭到另一頭，用光的速度也要飛930億年才行。

你問這大大的宇宙裡有什麼嗎？

灰塵
我是氣體

雖然宇宙裡看起來黑漆漆的，什麼都沒有，但其實有很多灰塵和氣體。

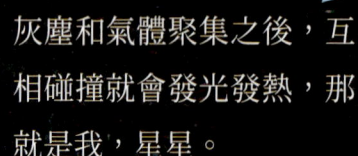

灰塵和氣體聚集之後，互相碰撞就會發光發熱，那就是我，星星。

哇
小星星誕生！
哇

我要通通吃光光！
小心黑洞啊！

宇宙的某個角落，還有會把周圍的一切都吸進去的巨大無比的恐怖黑洞。

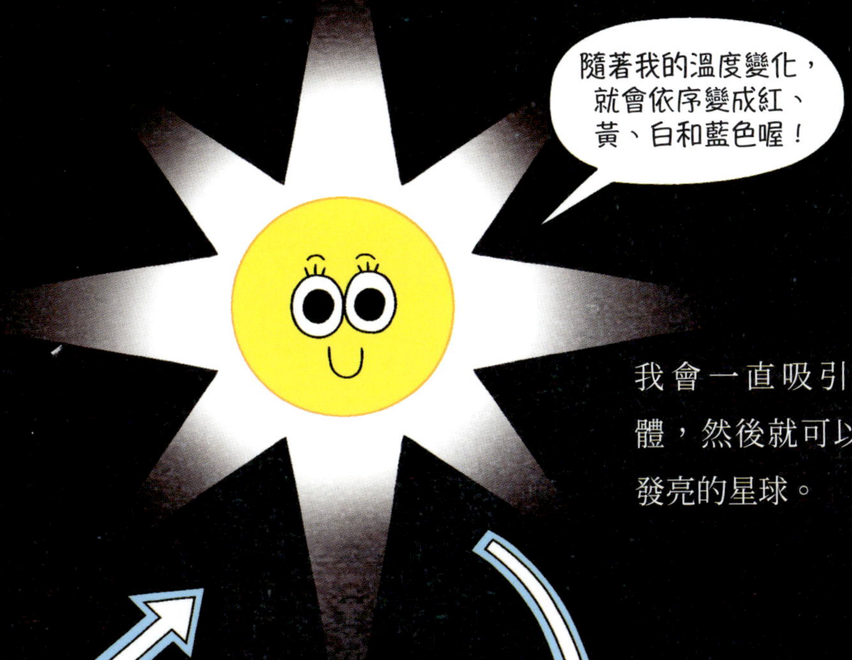
隨著我的溫度變化，
就會依序變成紅、
黃、白和藍色喔！

我會一直吸引灰塵和氣體，然後就可以變成閃閃發亮的星球。

砰

等我老了之後就會爆炸，再次變回灰塵和氣體。宇宙就是一個讓像我這樣的星星們誕生然後死去的地方。

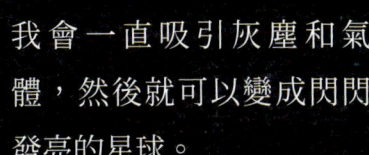

問題

星星們聚在一起，形成長長一條的叫做什麼？

①銀河　②星際大戰　③星星帝國

1 銀河

銀河的意思是把星星比喻成流動的河流，
這條河裡有數千億顆星星。
像這種巨大的銀河據說在宇宙裡大概有2千億個，
其中位在太陽系的銀河就是「本銀河」，
要看看我們的銀河長怎樣嗎？

我的手臂是一圈一圈的螺旋對吧？但其實側面很扁
銀河的側面
太陽系
原來太陽系在螺旋手臂的中間啊！
太陽系在巨大的宇宙裡，只是一個小點呢！

太陽

我是在太陽系中心發光發熱的星星。
太陽系是什麼意思呢？

1
星星們的游泳池

你哥是太平洋啊？
?

2
太平洋的弟弟

3
遮住太陽的帽子

4
太陽家族

2

4 太陽家族

我大概是46億萬年前誕生的，跟著我一起出現的還有8顆星星，以及沒變成星星的石頭和冰塊。我是裡面最大的，大概有地球體積的130萬倍哦！所以我們這個家族就冠上我的名字，叫做太陽系。

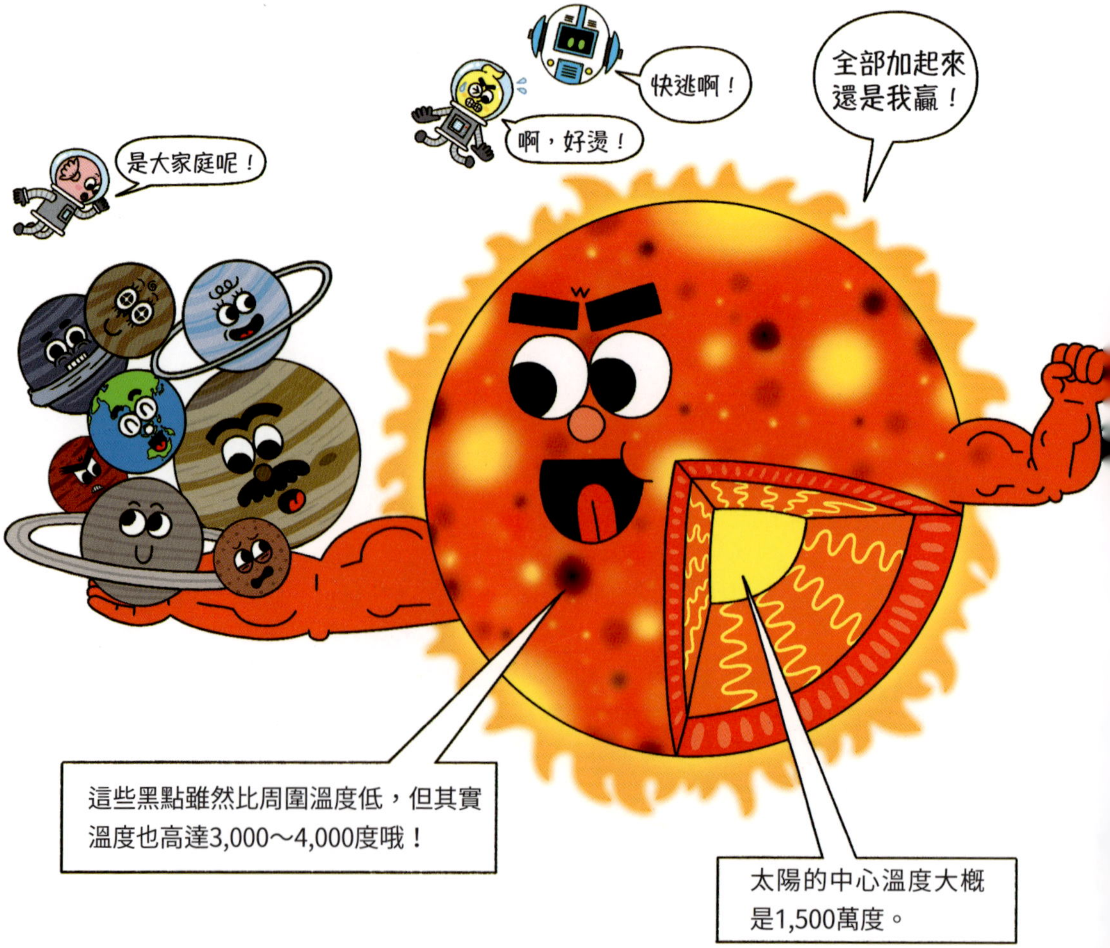

是大家庭呢！
快逃啊！
啊，好燙！
全部加起來還是我贏！
這些黑點雖然比周圍溫度低，但其實溫度也高達3,000～4,000度哦！
太陽的中心溫度大概是1,500萬度。

更驚人的是，我是一顆燃燒的氣體星球，非常滾燙，我的表面溫度大概是5,500度哦！

會這麼燙是因為有各種氣體在我內部激烈碰撞的關係喔！所以我會發出很亮的光，來和客廳的電燈比一下，看我到底有多亮吧？

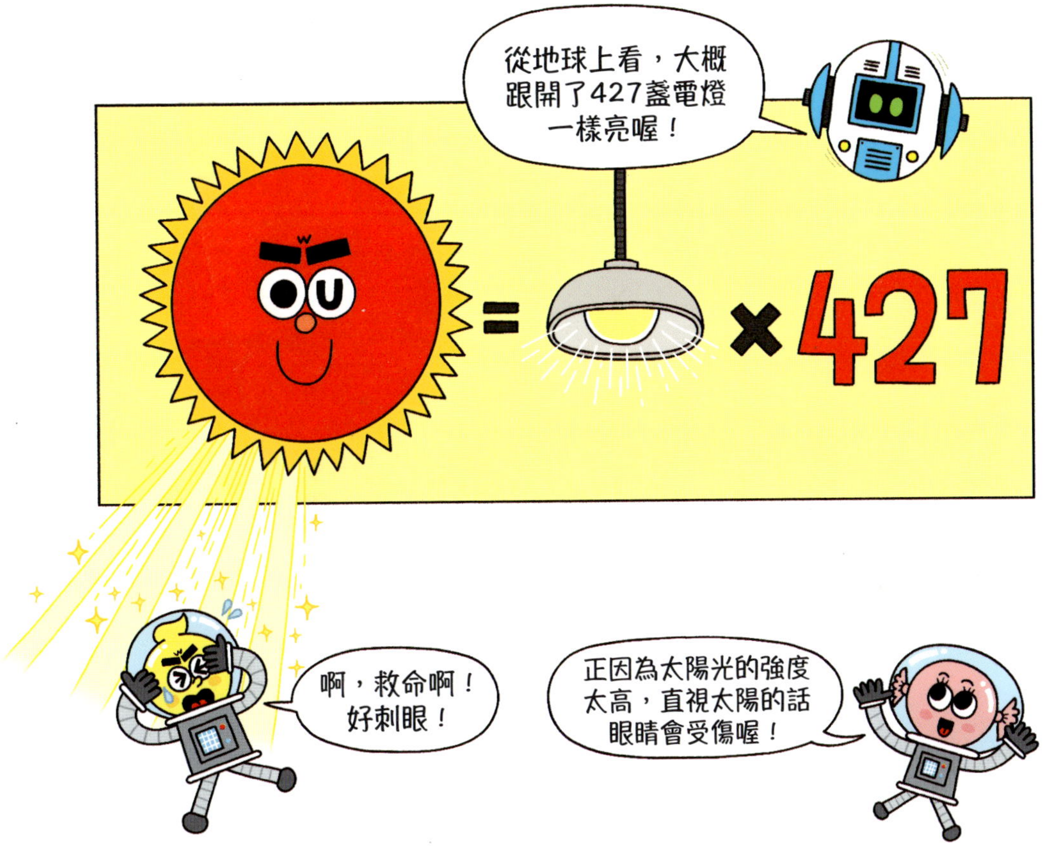
從地球上看，大概跟開了427盞電燈一樣亮喔！
=
×427
啊，救命啊！好刺眼！
正因為太陽光的強度太高，直視太陽的話眼睛會受傷喔！

其實我發出來的光比這還要亮很多，厲害吧！太陽系裡會自己發光的星星只有我一個喔！

問題

像我這樣會自己發光的星星叫做什麼？

①星中星　②宇宙大明星　③恆星

3 恆星

太陽系裡的恆星只有我一個，
剩下的星星都是反射我的光才會發亮的。
我的引力也很大，
所以我的家族們都以我為中心轉著圈圈，
絕對沒辦法逃走哦！嘻嘻。

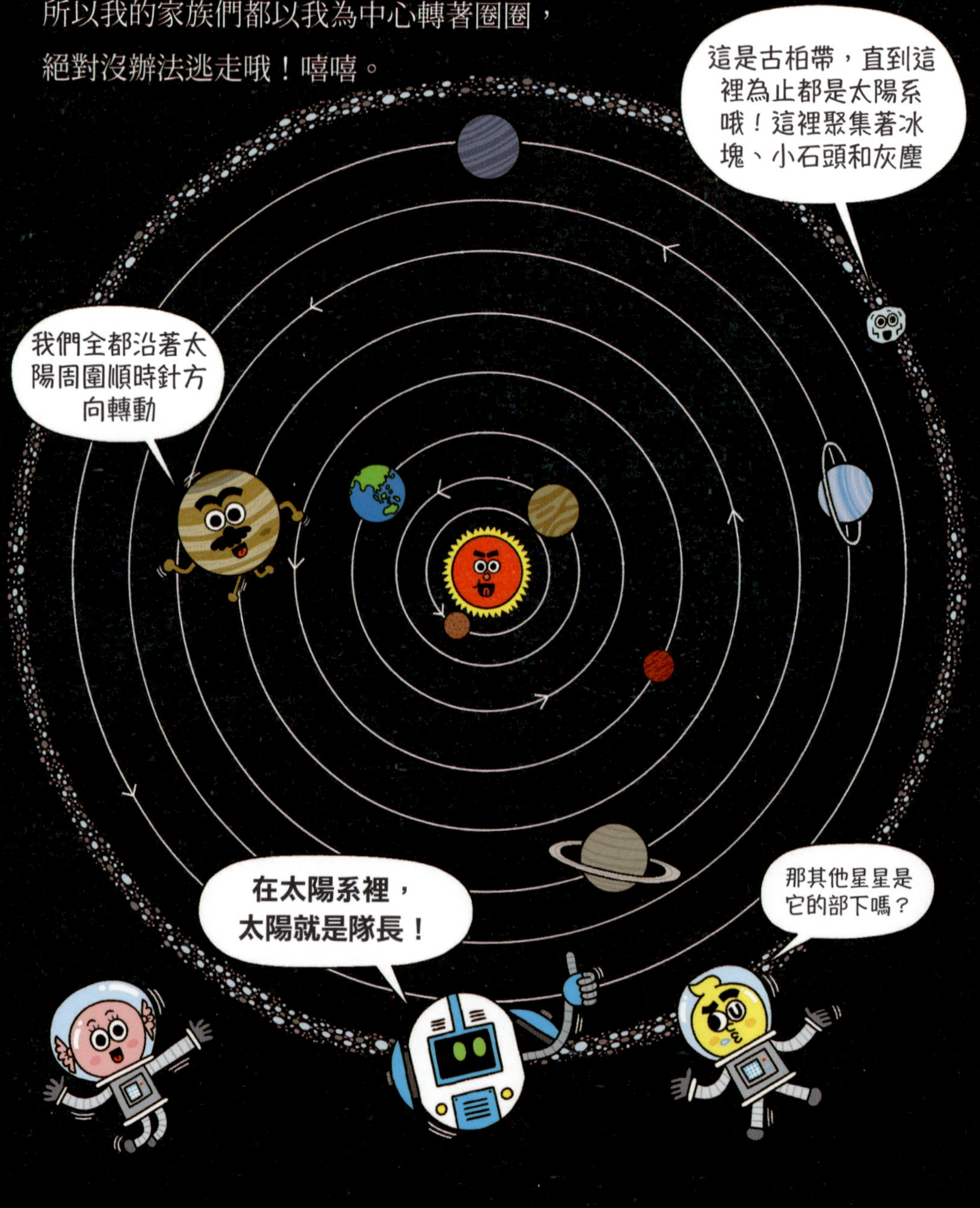
這是古柏帶，直到這裡為止都是太陽系哦！這裡聚集著冰塊、小石頭和灰塵
我們全都沿著太陽周圍順時針方向轉動
在太陽系裡，太陽就是隊長！
那其他星星是它的部下嗎？

8個行星

我們8個都是行星。
「行星」是什麼呢？
1 上面有漂亮城堡的星星
我姓「行」
行星
2 跟陳、李、黃一樣是姓氏
3 可以用滑翔翼飛到的星星
嘿咻、嘿咻
4 會移動的星星
3

4 會移動的星星

行星會繞著太陽等恆星周圍移動，

太陽系裡的行星只有我們8個。

我是老八海王星，我離太陽最遠
我是老五木星，8顆行星裡我最大
我是老七天王星，我有淡淡的光環
我是老三地球，我的溫度最適合住人

有8個行星耶！該
先去哪個呢？
去最大的木星吧！
嗶！嗶！太空船沒辦
法降落在木星喔！

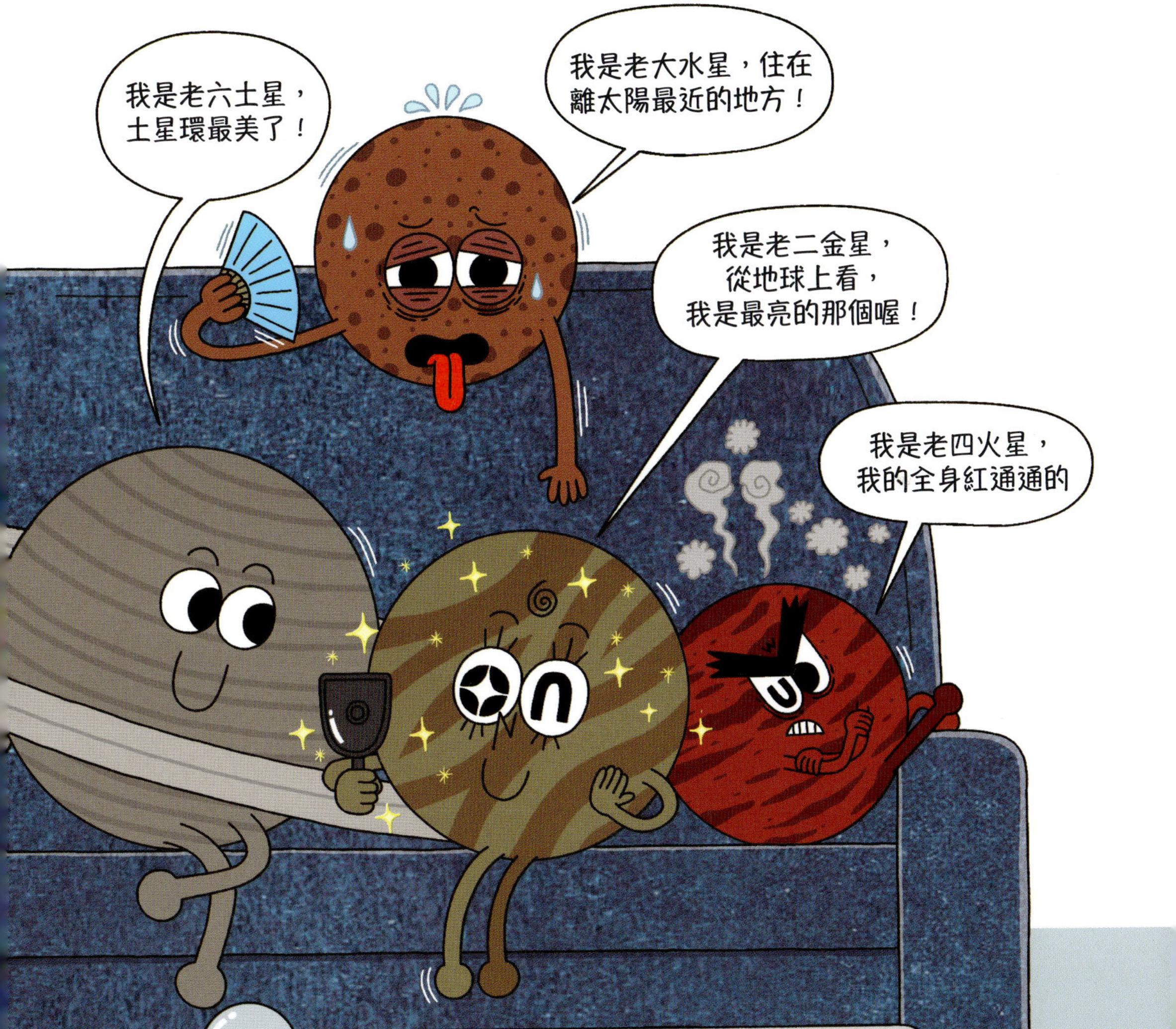
我是老六土星，
土星環最美了！
我是老大水星，住在
離太陽最近的地方！
我是老二金星，
從地球上看，
我是最亮的那個喔！
我是老四火星，
我的全身紅通通的

問題

太空船沒辦法降落在木星的原因是？

① 木星上面沒有停車場　② 因爲沒有堅硬的地面

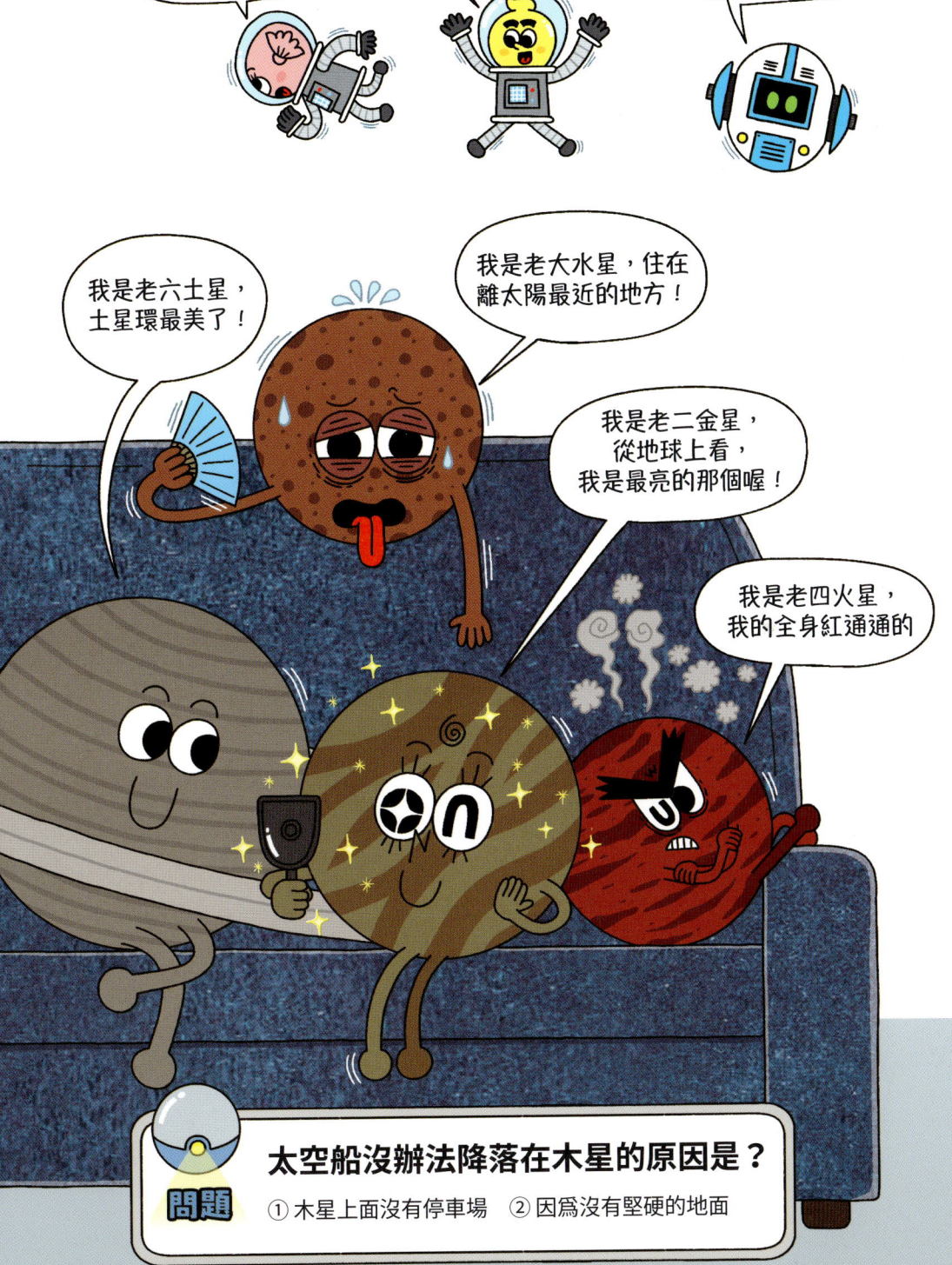

2 因爲沒有堅硬的土地

木星是由氫氣、氦氣等氣體形成的行星，

所以太空船沒辦法在木星降落，生命也難以存活。

土星、天王星、海王星也都是由氣體形成的。

禁止停車（船）！
請重新規劃路線！
賣來啦！
No Parking!

另一方面，水星、金星、地球和火星，都是由堅硬的土地組成的。

你
歡迎光臨！
好
來唷！
好膽你就來！
來得了就試試看吧！

太陽系裡面有好多兄弟呢！
水星、金星、地球和火星，要先去哪呢？
嗯？剛剛飛過去的是什麼？
咻

彗星

我是彗星！人家常用「如彗星般一閃而過」來比喻像我的出現。爲什麼會這樣說呢？

1 因爲像貴婦一樣優雅現身

咚!
咚!

2 因爲我會吵吵鬧鬧地出現

YO!

3 因爲突然地出現

噓!

4 因爲會悄悄地出現

4

3 突然地出現

我有很多綽號！因為會突然出現所以叫彗星；因為長了尾巴，也有人叫我掃把星；還有人說我像弓箭一樣飛過，因此叫我「天弓星」。很有趣吧？對我還有什麼好奇的嗎？

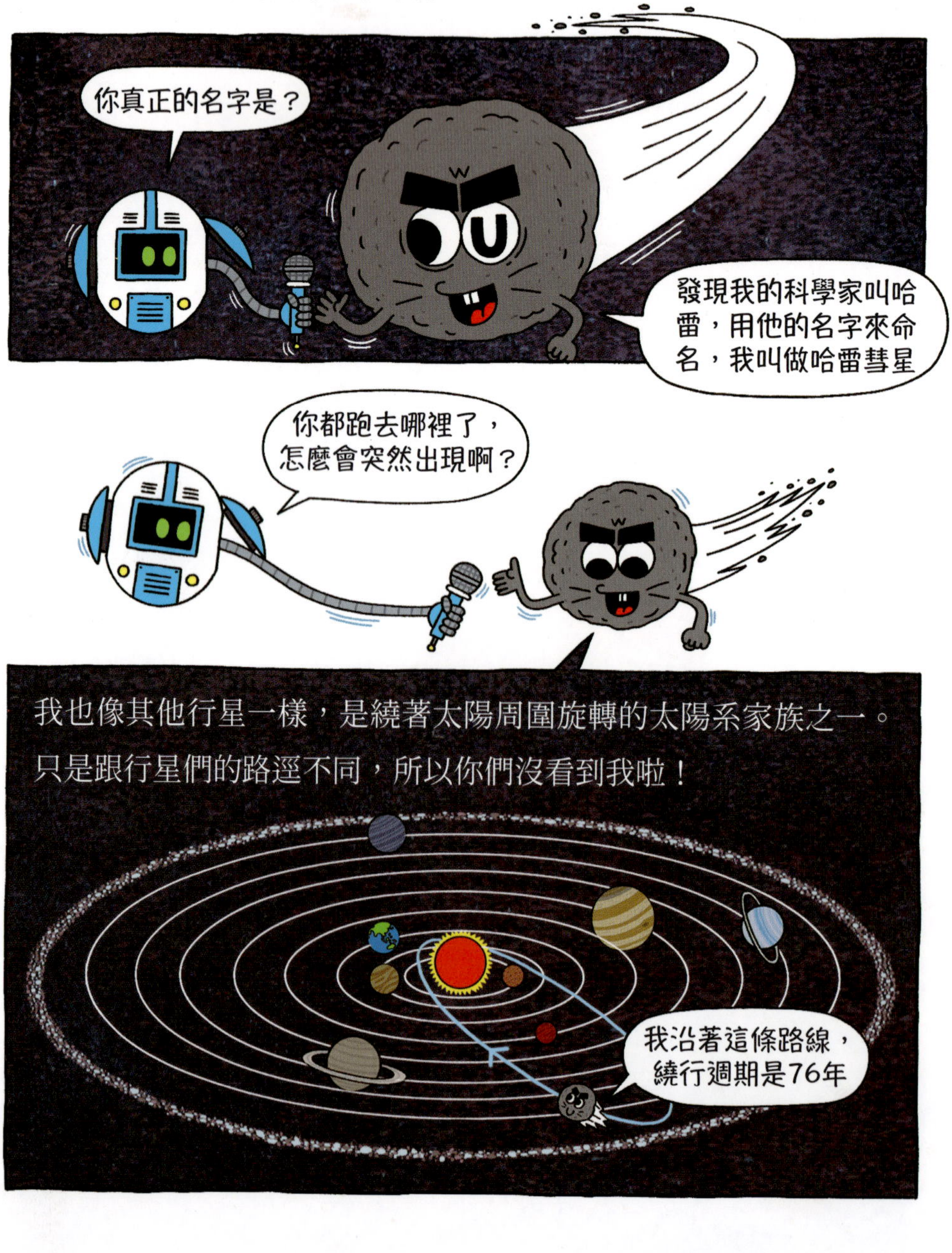
你真正的名字是？
發現我的科學家叫哈雷，用他的名字來命名，我叫做哈雷彗星
你都跑去哪裡了，怎麼會突然出現啊？
我也像其他行星一樣，是繞著太陽周圍旋轉的太陽系家族之一。只是跟行星們的路徑不同，所以你們沒看到我啦！
我沿著這條路線，繞行週期是76年

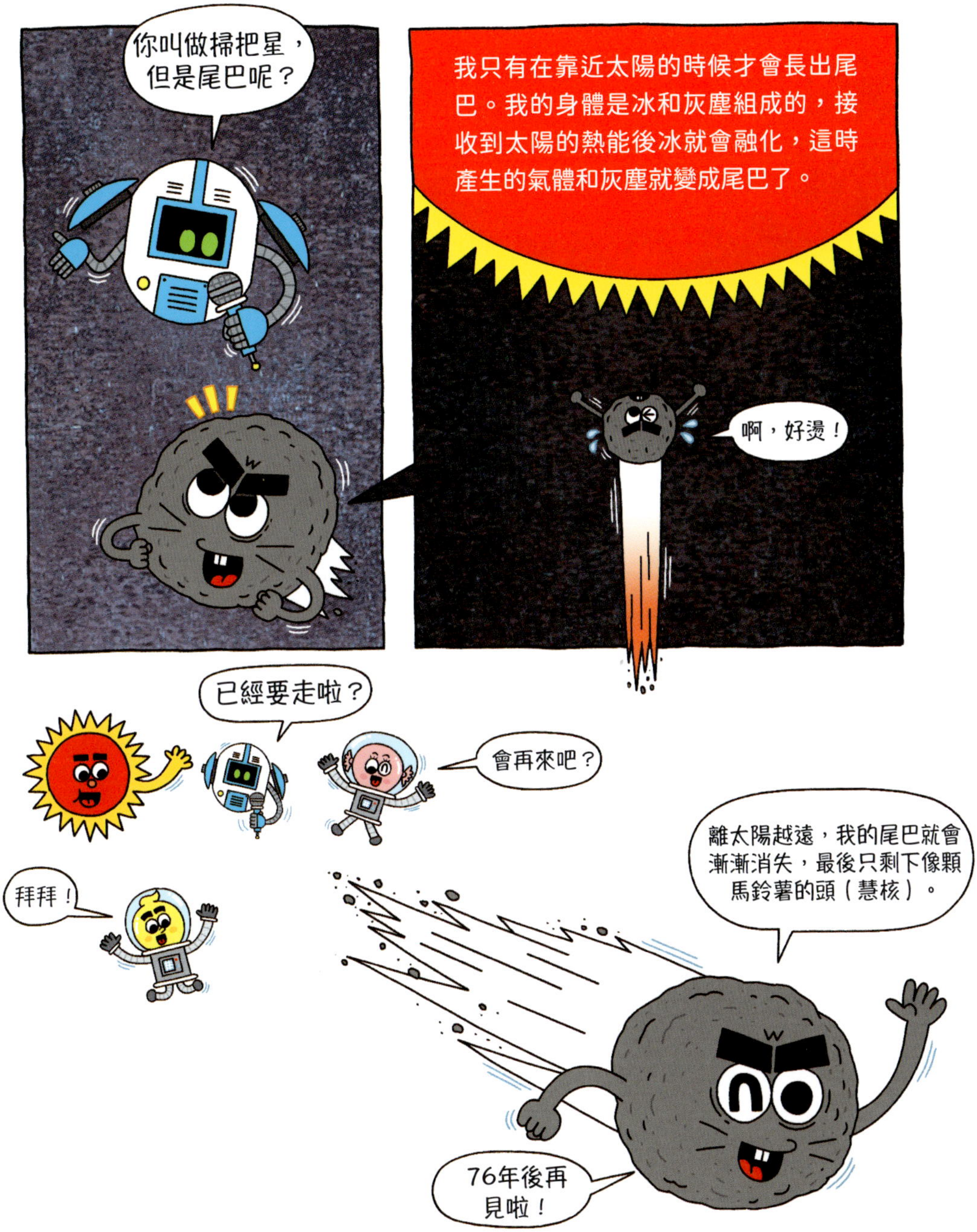
你叫做掃把星，但是尾巴呢？
我只有在靠近太陽的時候才會長出尾巴。我的身體是冰和灰塵組成的，接收到太陽的熱能後冰就會融化，這時產生的氣體和灰塵就變成尾巴了。
啊，好燙！
已經要走啦？
會再來吧？
拜拜！
離太陽越遠，我的尾巴就會漸漸消失，最後只剩下像顆馬鈴薯的頭（慧核）。
76年後再見啦！

問題

太陽系裡也有一些跟我一樣長得像馬鈴薯的星星，它們是誰呢？

①馬鈴薯星　②小行星　③地瓜星

2 小行星

小行星是沒有變成行星的小石塊。
它們聚集的地方就叫做小行星帶，
位於火星和木星之間。

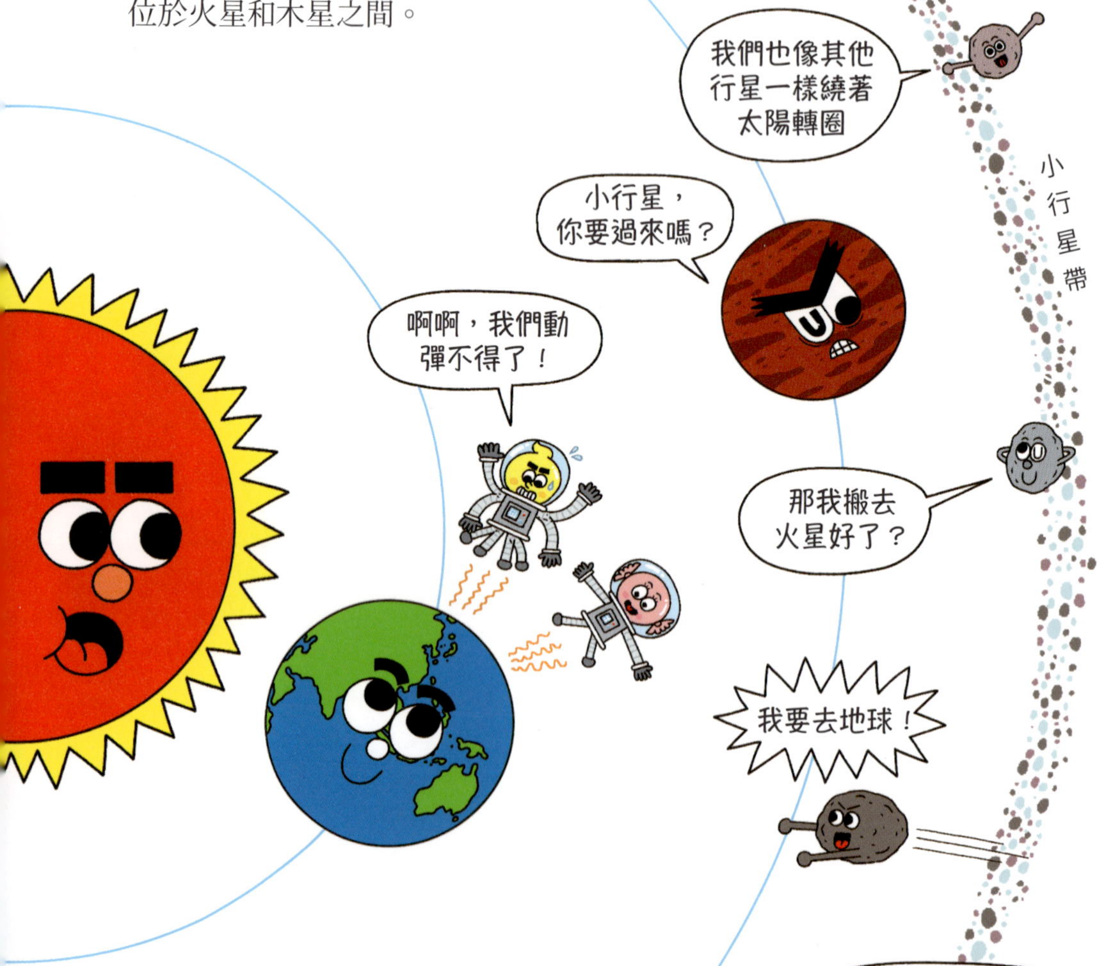
我們也像其他行星一樣繞著太陽轉圈
小行星帶
小行星，你要過來嗎？
啊啊，我們動彈不得了！
那我搬去火星好了？
我要去地球！

離小行星帶比較遠的小石塊，
會被它周圍的行星拉走，
飛向地球的會燃燒發出火花，成為流星；
而沒有燒完留下來的，
就會變成隕石掉到地上。

太陽系真是有數不完的星星啊！

藍色星球

是我啦，地球！我的綽號叫做藍色星球，你知道爲什麼嗎？

嚇一跳

1 地球被嚇到臉色鐵青

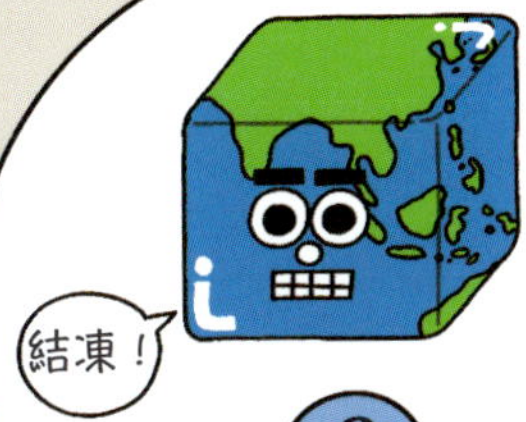
結凍！

2 地球變成藍色冰塊了

要來游泳嗎？

3 地球表面有很多海洋

4 地球是藍色的寶石

5

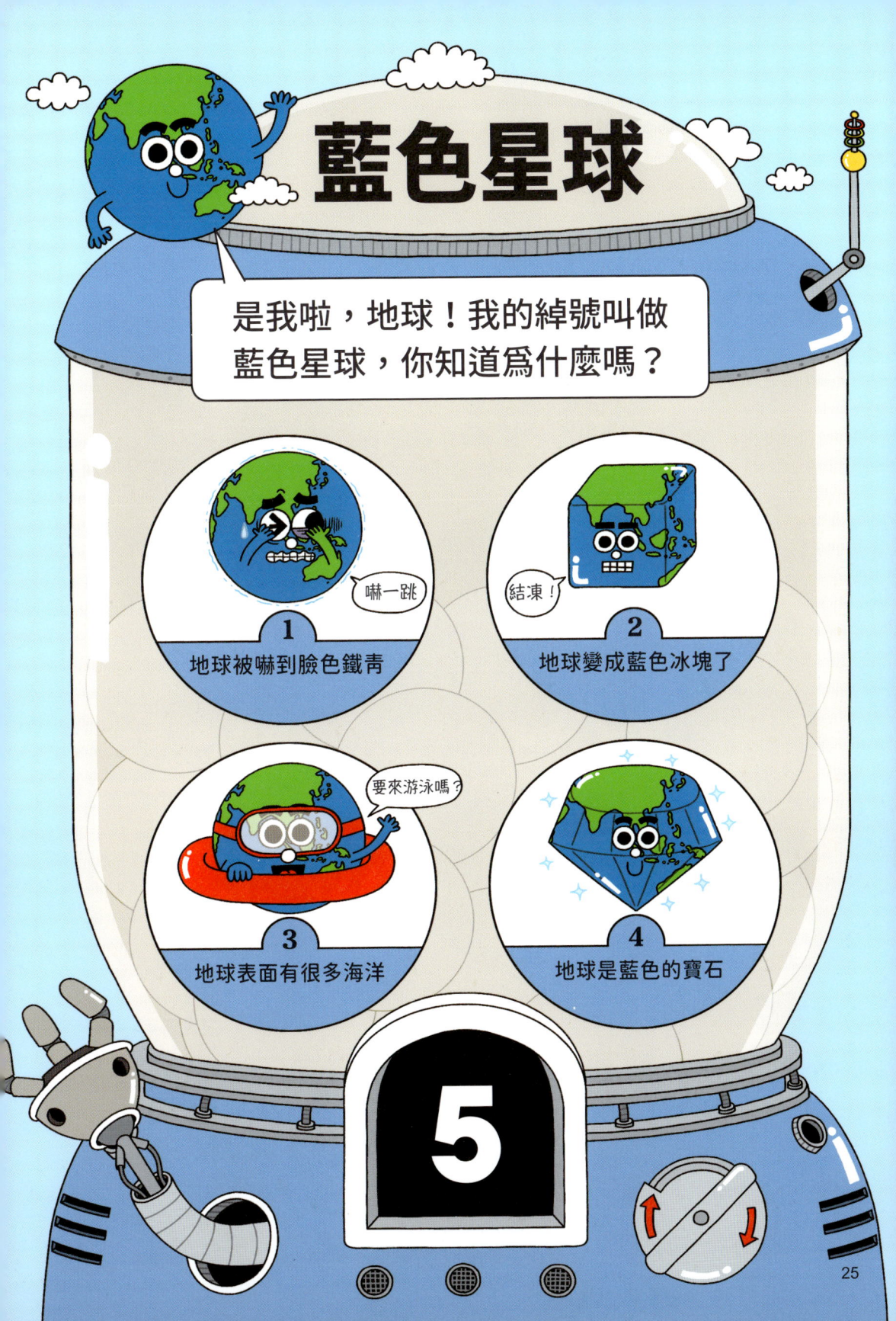

3 地球表面有很多海洋

我的表面大約71%都是海洋，從太空看起來是藍色的，所以我才會被叫做藍色星球。

自我介紹一下
我是地球
※ 地球 ※
年齡：46億歲
大小：橫向直徑約12,736公里
縱向直徑約12,713公里
特徵：住著很多生命！動物約150萬種，植物約38萬種，人類大概有79億人！

地球好像很厲害！

有什麼好驚訝的，我擁有非常適合生物生存的環境喔！

第一

水資源很豐富！

太陽系裡水資源豐富的行星只有我一個。很久很久以前生命就誕生在這片水域中，然後進化成各式各樣的生物。

第二

只有我有氧氣！

包圍我的大氣層可以阻擋會對生物造成傷害的輻射線，也讓空氣中含有氧氣，生物們可以呼吸。我很厲害吧！

氧氣
氧氣
氧氣

問題

我還有另一個適合生物生存的條件，是什麼呢？

①柔軟的觸感　②好聞的香味　③適當的溫度

3 適當的溫度

我的溫度很適合生物生存。
離太陽近的金星太熱了，
離太陽最遠的海王星太冷了。

第三
太熱了
地球與太陽的距離最剛好！
好冷喔！
464度
15度
- 201度
金星
地球
海王星

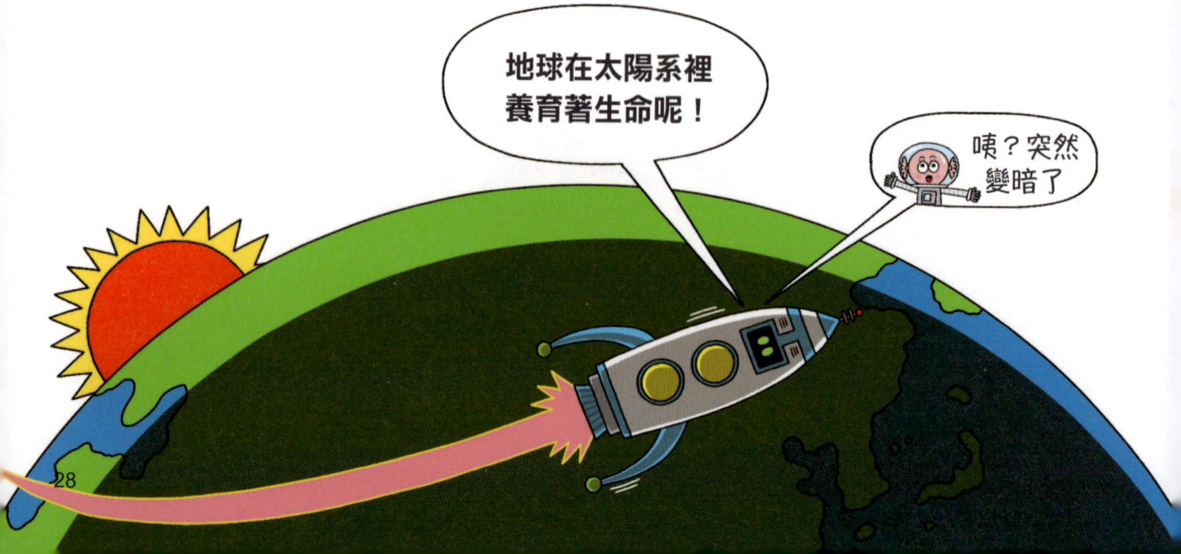
地球在太陽系裡
養育著生命呢！
咦？突然
變暗了

日夜

我們是明亮的白天和漆黑的夜晚，
白天出現、晚上消失的是什麼呢？

哇！是蛋頭鬼啊！
這是我後腦勺啦！
1
蛋頭無臉鬼
來抓我啊！
2
太陽
3
雙眼皮
晚上了，拜拜！
拜拜，明天見！
4
雲

6

2 太陽

낮과 밤

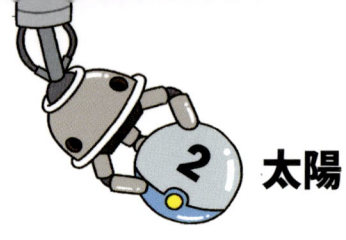

天上有太陽就是白天，太陽消失了就是晚上。
告訴你一個白天和晚上會連在一起的有趣故事吧！

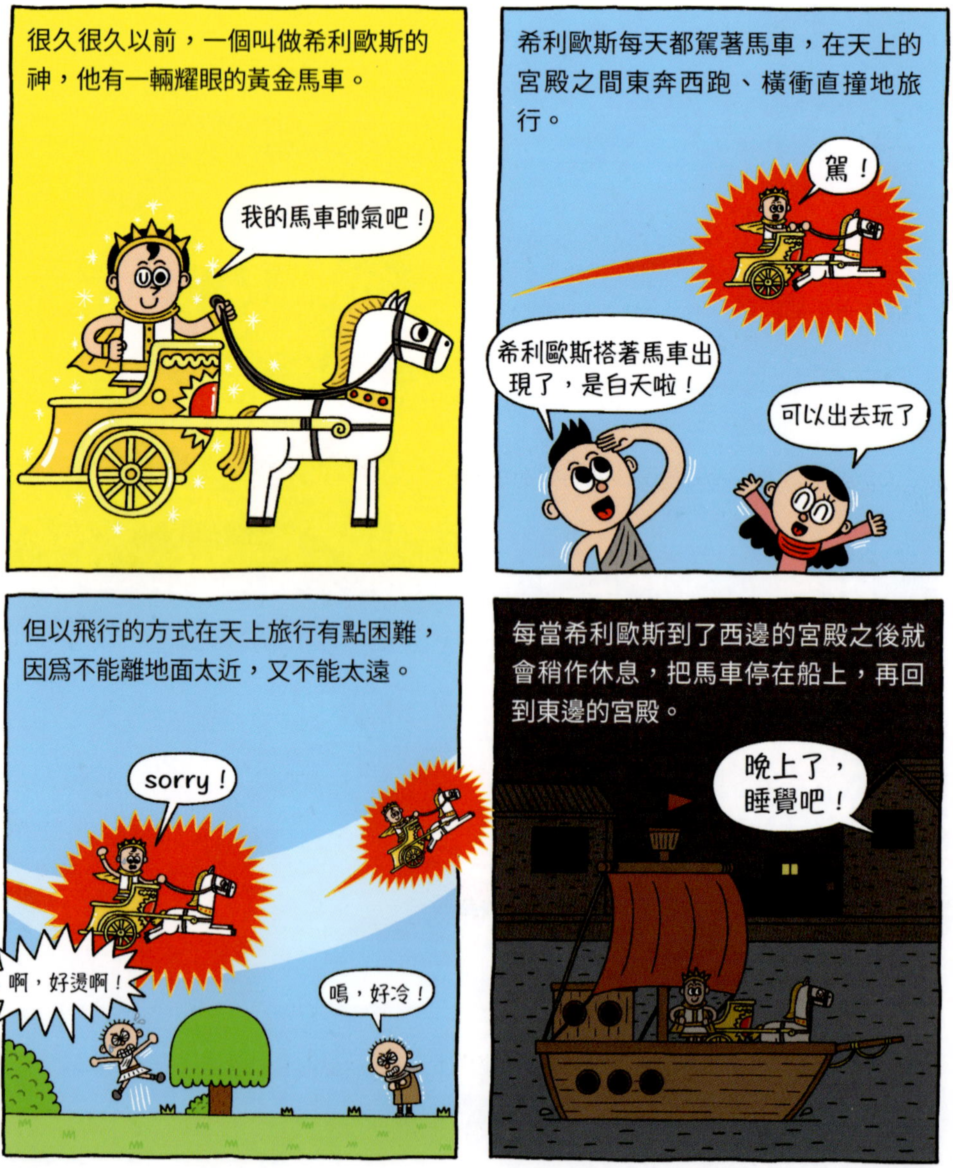

很久很久以前，一個叫做希利歐斯的神，他有一輛耀眼的黃金馬車。
我的馬車帥氣吧！
希利歐斯每天都駕著馬車，在天上的宮殿之間東奔西跑、橫衝直撞地旅行。
駕！
希利歐斯搭著馬車出現了，是白天啦！
可以出去玩了
但以飛行的方式在天上旅行有點困難，因爲不能離地面太近，又不能太遠。
sorry！
啊，好燙啊！
嗚，好冷！
每當希利歐斯到了西邊的宮殿之後就會稍作休息，把馬車停在船上，再回到東邊的宮殿。
晚上了，睡覺吧！

就像希利歐斯的馬車從東邊往西邊飛一樣，天上的太陽也總是從東邊升起，西邊落下。

不會從西邊升起嗎？
當然不會啊！
東
西

但其實真正移動的不是太陽，
而是地球。
地球就像芭蕾舞者一樣轉呀轉，
獨自旋轉著。

它幹嘛這樣轉啊？
哎呀，頭好暈喔！
旋轉
旋轉

問題

像這樣在原地獨自旋轉叫做什麼？

①轉圈圈舞　②陀螺　③自轉

3 自轉

自轉的意思就是「獨自轉動」。

地球一天會自轉一次，每天都由西向東轉動。

白天
夜晚
變亮了耶
變暗了

像這樣轉動，就會有時候看得到太陽，有時看不到。

於是就出現白天和晚上的區分了。

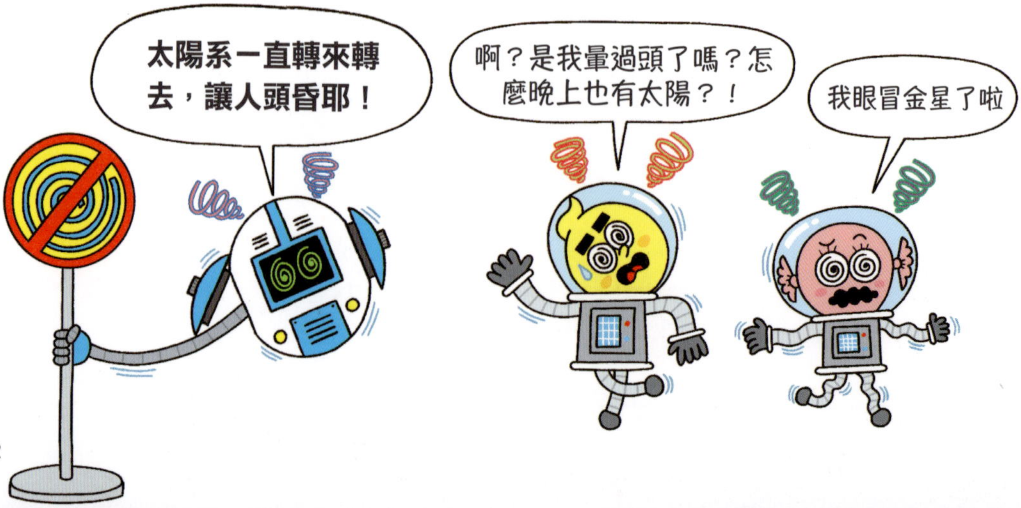
太陽系一直轉來轉去，讓人頭昏耶！
啊？是我暈過頭了嗎？怎麼晚上也有太陽？！
我眼冒金星了啦

月亮

我是晚上才看得清楚的月亮。下面哪一個不是看到我臉上的斑點想像到的東西呢？

1 玉兔拿杵搗藥

2 外星人的垃圾桶

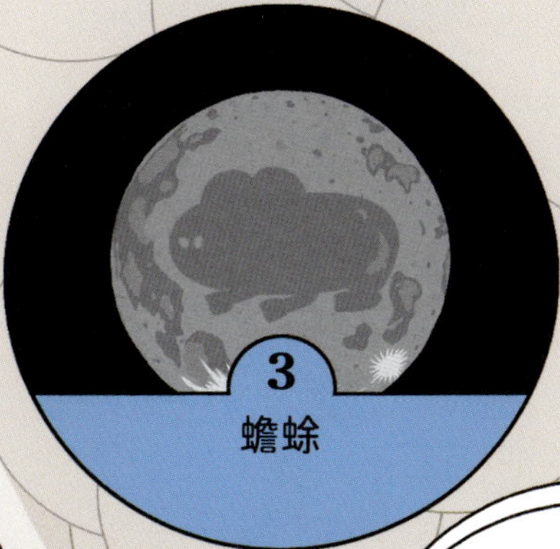

3 蟾蜍

4 讀書的少女

7

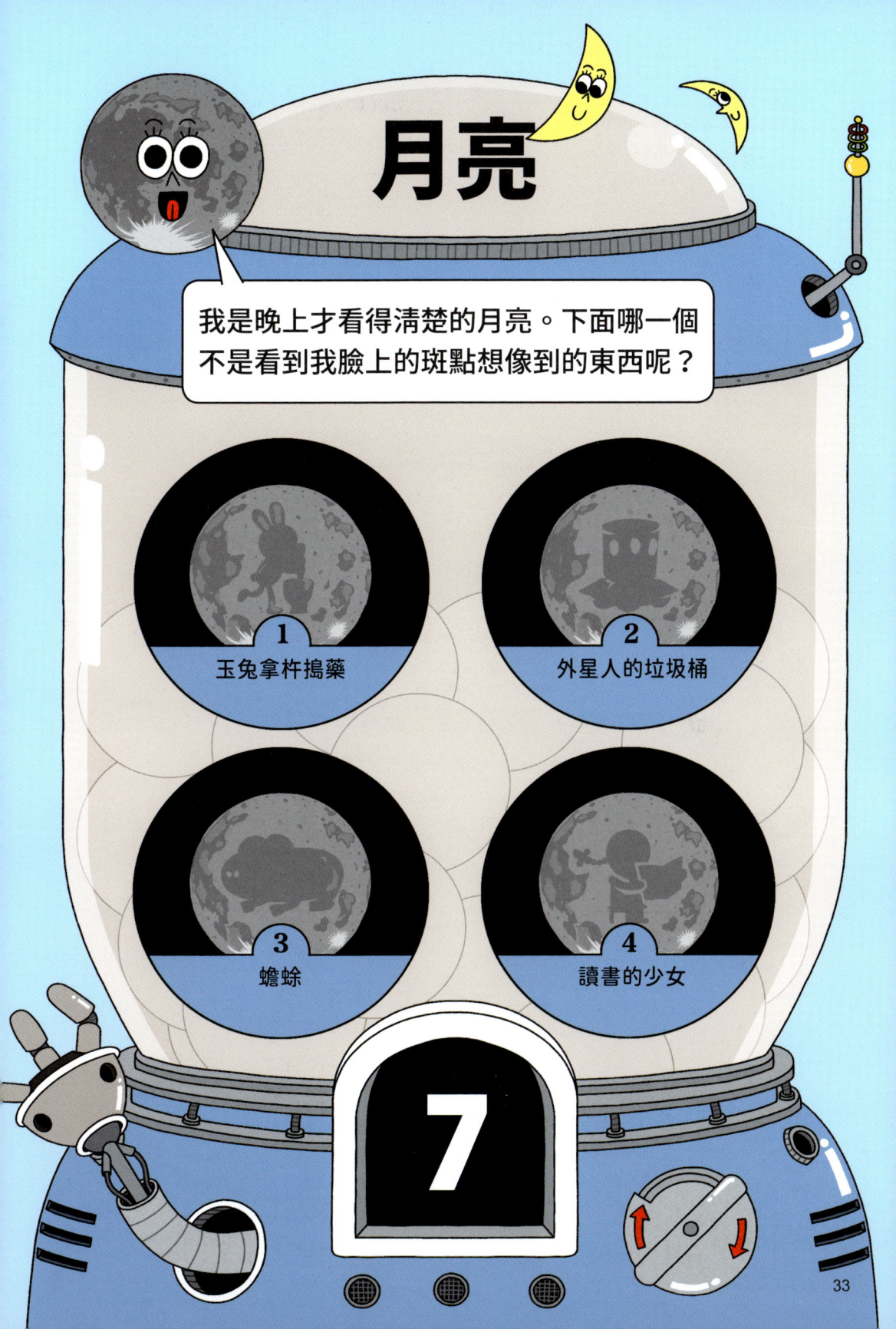

2 外星人的垃圾桶

我的體積大概只有地球的4分之1，雖然小卻離地球很近。

所以人類用肉眼就可以看到我表面的斑。

讓我再多介紹一下自己吧！

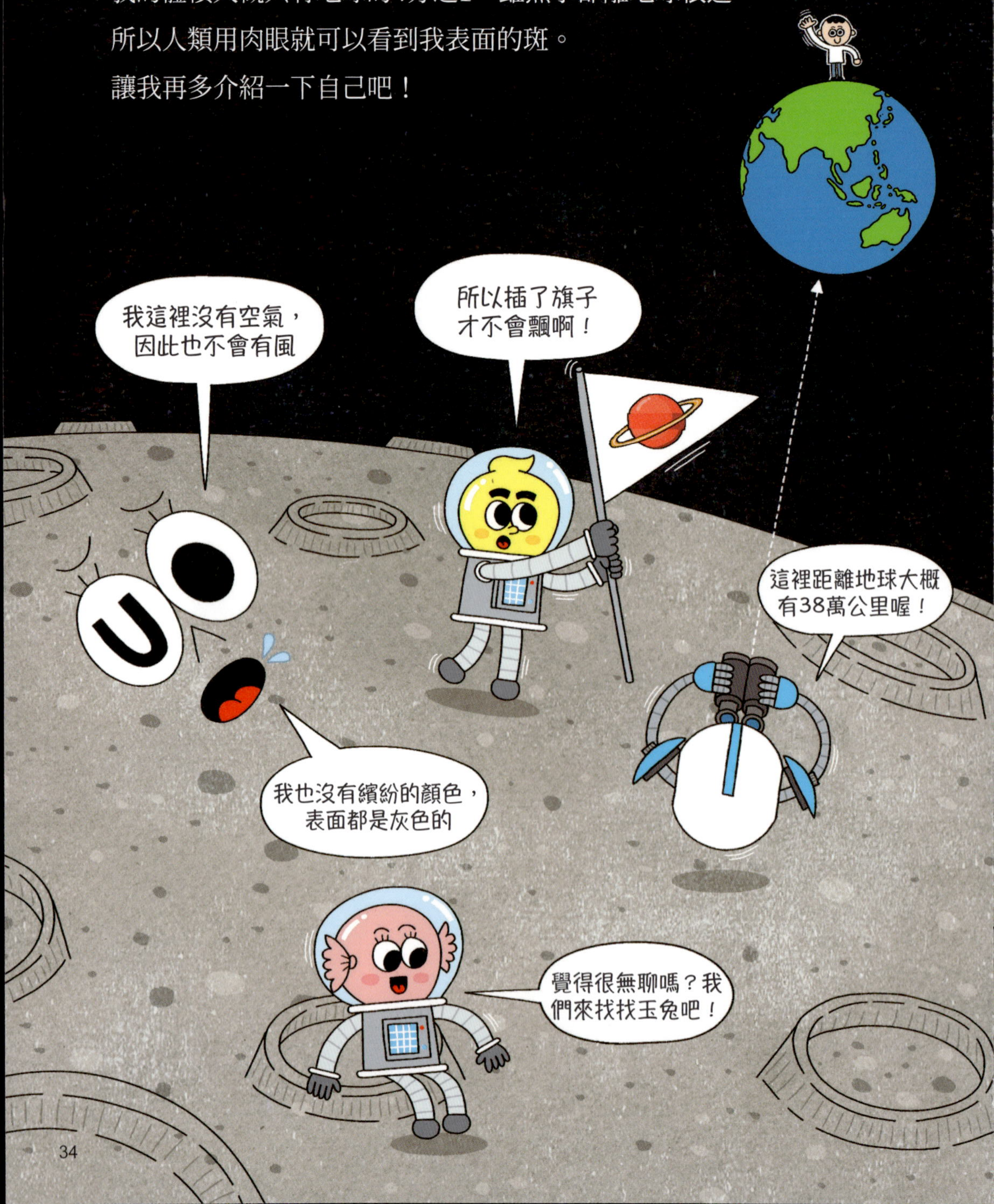

我這裡沒有空氣，因此也不會有風
所以插了旗子才不會飄啊！
這裡距離地球大概有38萬公里喔！
我也沒有繽紛的顏色，表面都是灰色的
覺得很無聊嗎？我們來找找玉兔吧！

跟人們想像的不一樣，月亮上面雖然沒有玉兔、蟾蜍，
也沒有讀書的少女。不過也不是什麼都沒有喔！

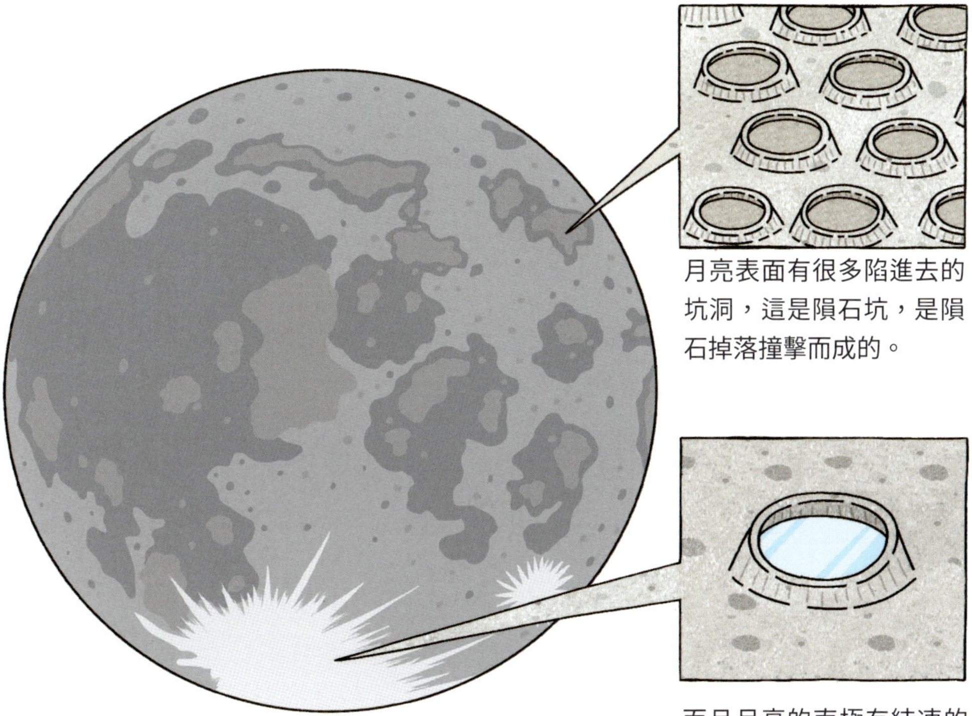

月亮表面有很多陷進去的坑洞，這是隕石坑，是隕石掉落撞擊而成的。

而且月亮的南極有結凍的水。你們知道有水的星球並不常見吧？

對了，還有一個很驚人的事，
就是留了超過50年的腳印！
因為這裡沒有風，
所以留下來的痕跡就不容易消失。

問題

這個腳印是誰留下來的呢？

①玉兔　②地球人　③嫦娥

2 地球人

這是登上月球的地球人
—尼爾·阿姆斯壯留下來的腳印。

阿姆斯壯在1969年乘坐阿波羅11號太空船來到這裡。

阿姆斯壯在我的表面到處探索，還做了調查。

回地球的時候還撿了小石頭當作紀念品。

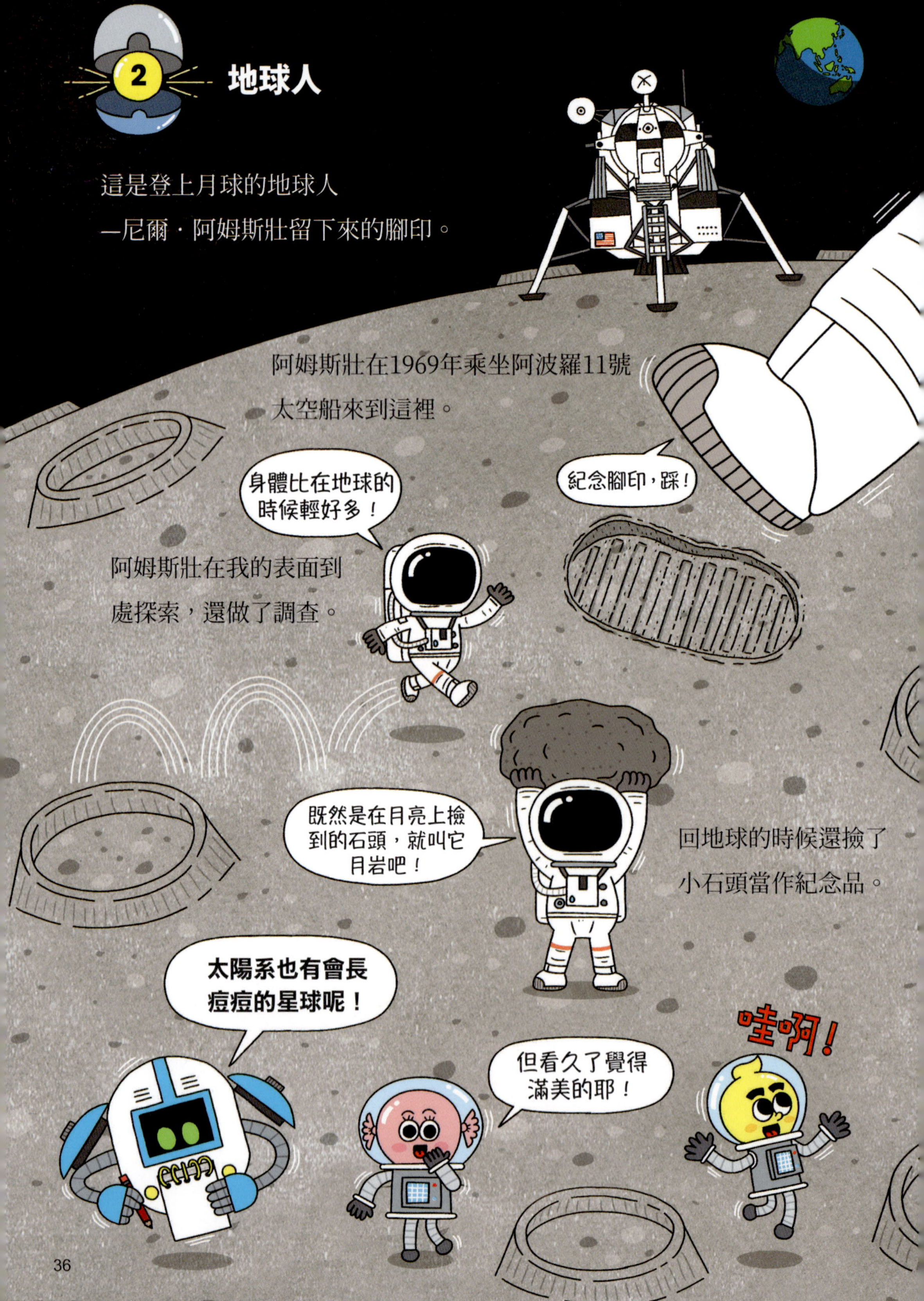

紀念腳印，踩！
身體比在地球的時候輕好多！
既然是在月亮上撿到的石頭，就叫它月岩吧！
太陽系也有會長痘痘的星球呢！
但看久了覺得滿美的耶！
哇啊！

變身大師

從地球看，我是會一直改變形狀的月亮。
猜猜看，我變回同一個模樣要花多少時間呢？

滴答

1
1秒

撕
5月

2
1個月

等到我都老了

3
100年

變身！

4
想變就變

8

2 1個月

我會以一個月左右為周期改變形狀。

剛開始的15天會漸漸變胖，

1號
啊！我太瘦了看不到我了吧？
眉月
4號
8號
不知不覺就胖了許多呢！
上弦月
18號
22號
下弦月
瘦到只剩下一半了！
26號
殘月
上弦月和下弦月的形狀剛好相反耶！

今天是滿月，看
來已經15號了

之後的15天就會越來越瘦。因為我會規律地改變形狀，所以以前的人就看著我的變化來計算日子哦！

12號
15號
超級圓的，
對吧？
滿月
29號
找不到我吧！
新月
1號
嗨！又見面了！
眉月

看不見月亮的時候，
其實就是新月啊！
一個月又過了呀！

問題

爲什麼我的形狀會改變呢？

①因爲我繞地球轉一次要一個月　②因爲我的食量忽大忽小

1 因爲我繞地球轉一次要一個月

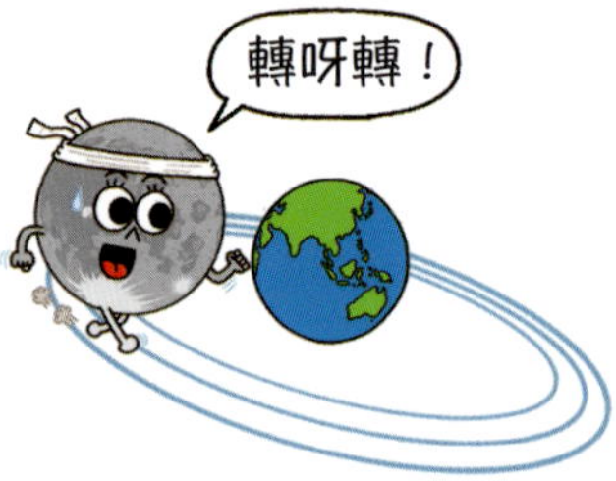

轉呀轉！

像我一樣繞著行星周圍轉的星球叫做衛星。

你說為什麼繞著地球轉就會改變形狀？

你可以在暗暗的地方用手電筒照球玩玩看。

把自己想成是地球，球是月亮，手電筒是太陽。

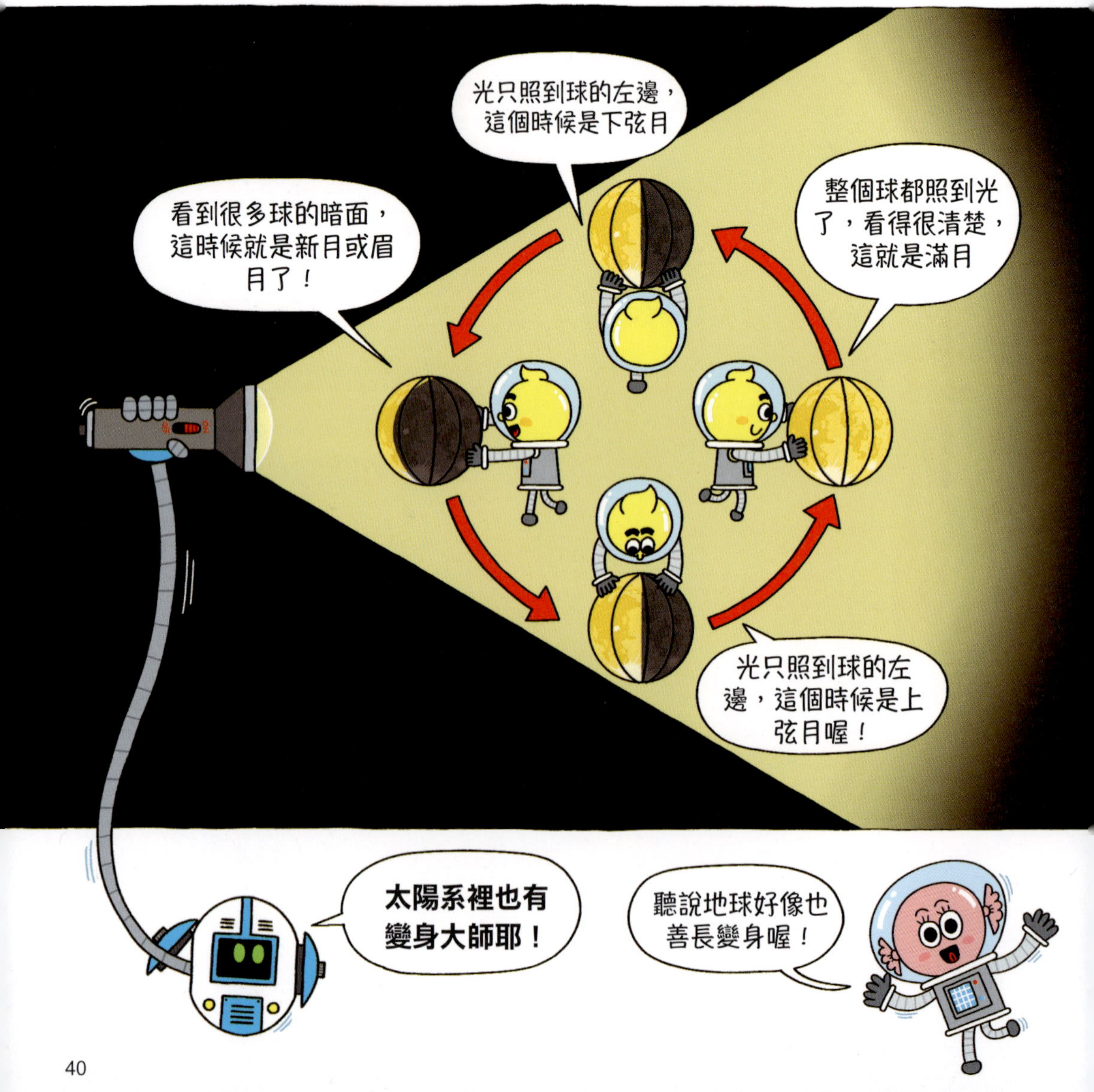

光只照到球的左邊，這個時候是下弦月
看到很多球的暗面，這時候就是新月或眉月了！
整個球都照到光了，看得很清楚，這就是滿月
光只照到球的左邊，這個時候是上弦月喔！
太陽系裡也有變身大師耶！
聽說地球好像也善長變身喔！

四季

一年有四個季節，稱爲「四季」。
爲什麼會產生季節呢？

哼！這個我看膩了！
1
因爲地球喜新厭舊
咕咕
我變，變！
2
因爲地球是魔術師
你就不能躺正嗎？
我本來就這樣
3
因爲地球是傾斜的
不行，這次考試很難…
地球，來玩嘛！
4
因爲地球一年要考四次試

9

3 因爲地球是傾斜的

我就是有春、夏、秋、冬的四季！之所以會有我，
是因為地球自轉軸傾斜了23.5度的關係。
像這樣斜斜地繞著太陽轉的話，
地球照到陽光的量就會依位置有所不同。
給你看看有什麼差別吧！

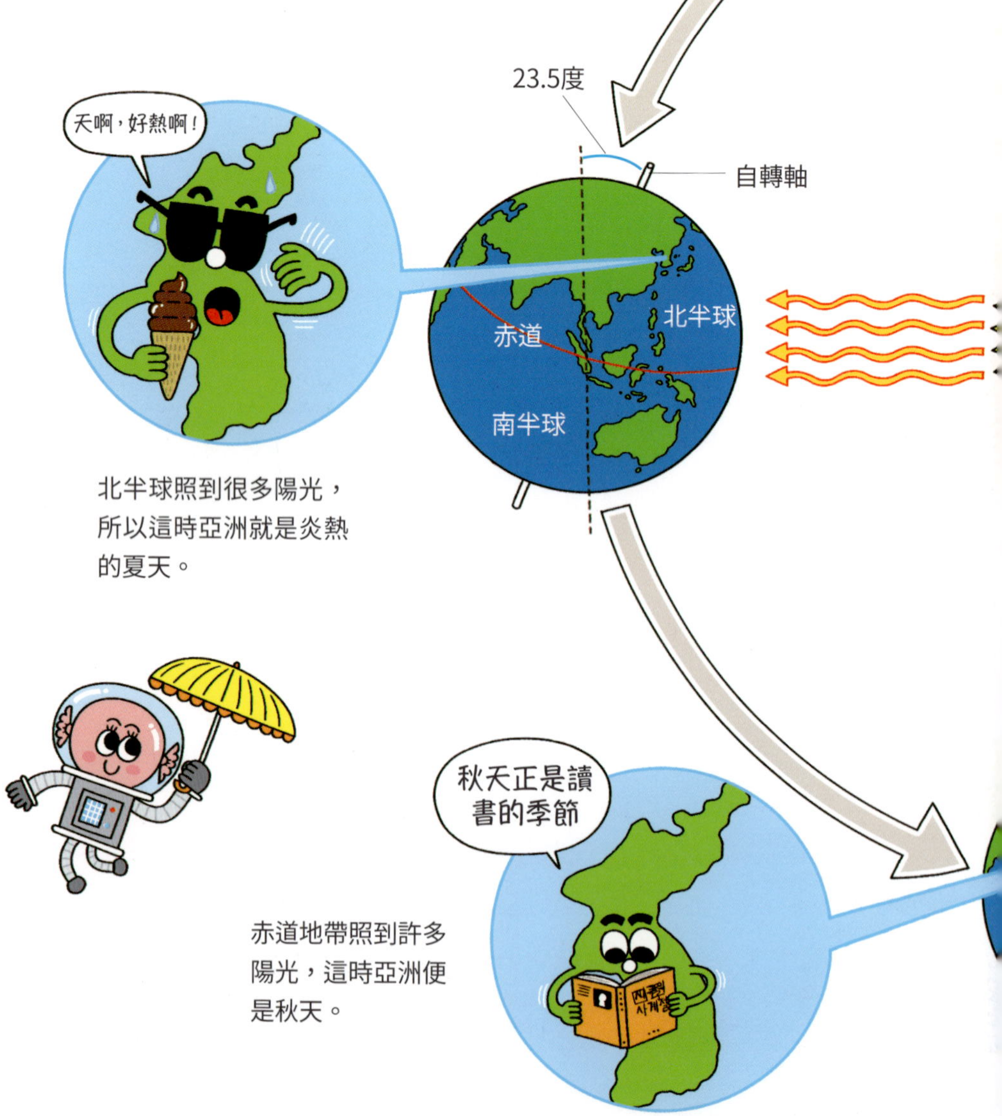
天啊，好熱啊！
23.5度
自轉軸
赤道
北半球
南半球
秋天正是讀書的季節

北半球照到很多陽光，所以這時亞洲就是炎熱的夏天。

赤道地帶照到許多陽光，這時亞洲便是秋天。

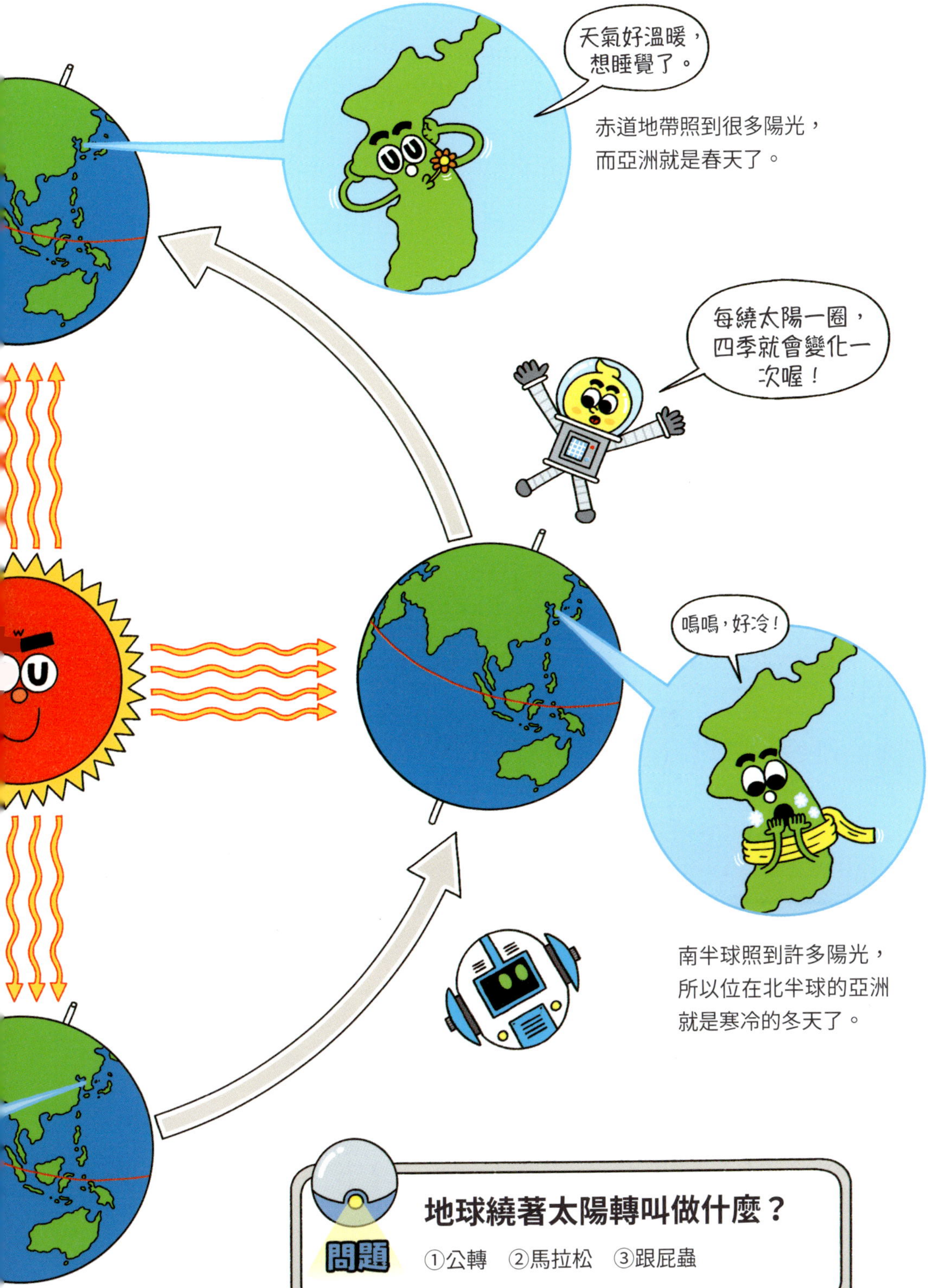
天氣好溫暖，
想睡覺了。
赤道地帶照到很多陽光，
而亞洲就是春天了。
每繞太陽一圈，
四季就會變化一
次喔！
嗚嗚，好冷！
南半球照到許多陽光，
所以位在北半球的亞洲
就是寒冷的冬天了。

問題

地球繞著太陽轉叫做什麼？

①公轉　②馬拉松　③跟屁蟲

1 公轉

因為地球繞太陽公轉一圈需要一年的時間，所以四季也是一年變換一次。不過以前的人認為，季節是由農業之神和她的女兒─普西芬妮改變的。

某天，冥王黑帝斯遇見了普西芬妮，對她一見鍾情。
請妳嫁給我，我們一起住在地底吧！
好！我願意！
農業之神爲了尋找她消失的女兒，因此沒時間照顧農作物了。
哎呀，作物都死光光了！
不行！得讓普西芬妮在地上生活半年，再到地下生活半年才行！
宙斯
氣候回暖，種子發芽了！
黑帝斯等我回去！
好溫暖
在這之後，只要普西芬妮回到地上，春天就會來臨。
普西芬妮！
女兒！
好冷
要準備過冬了
她回到地底時，秋天就會到來，於是就出現了四季。
好想妳
我也是

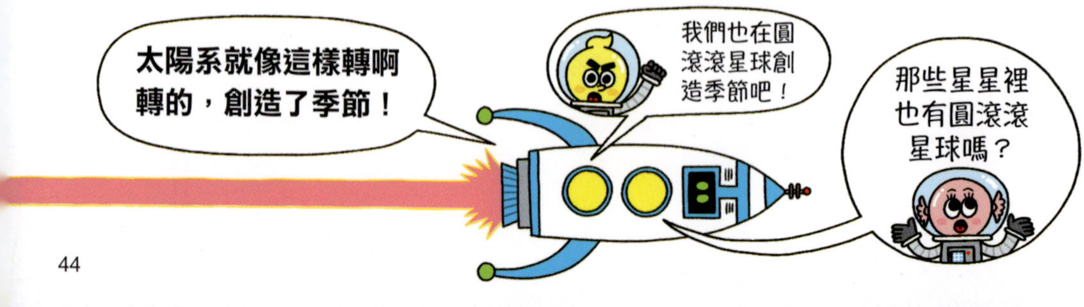

太陽系就像這樣轉啊轉的，創造了季節！
我們也在圓滾滾星球創造季節吧！
那些星星裡也有圓滾滾星球嗎？

星座

我們是怎麼樣也數不清的星星！
人類爲什麼會發明星座呢？

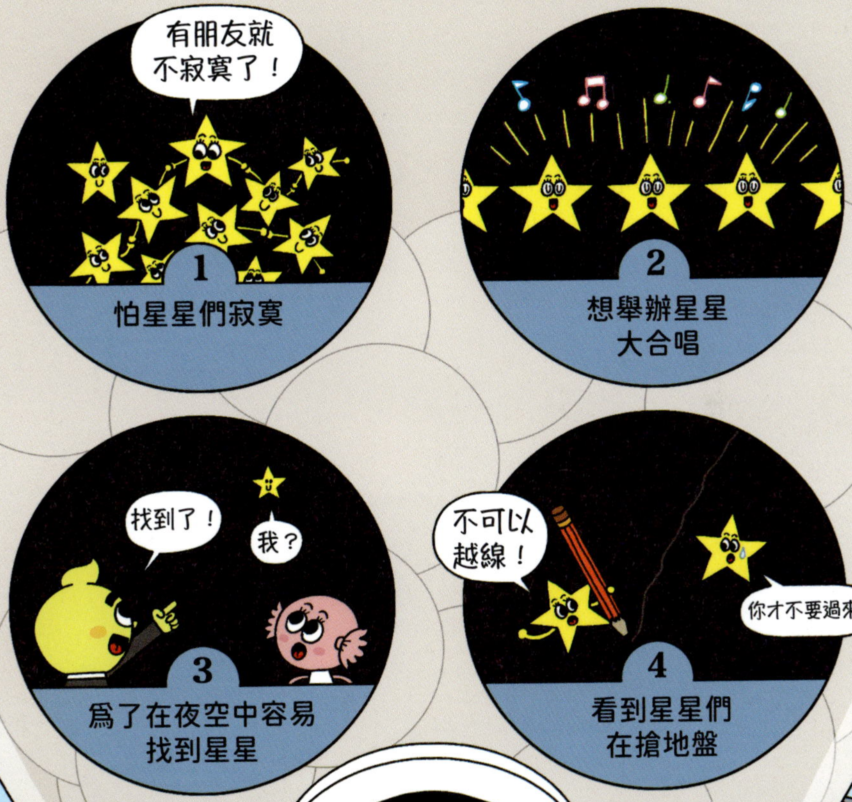
有朋友就不寂寞了！
1
怕星星們寂寞
2
想舉辦星星大合唱
找到了！
我？
3
爲了在夜空中容易找到星星
不可以越線！
你才不要過來！
4
看到星星們在搶地盤

10

3 爲了在夜空中容易找到星星

數千年前，美索不達米亞人就開始觀察夜空中的星星。
然後他們發現，在每個季節看見的星星都不一樣。
這是因為地球繞著太陽公轉，所以看得見的星星種類就會產生變化。
人們為了區分這些星星，就把它們連在一起，創造了星座。
還為這些星座取了神話裡的動物或人物的名字。

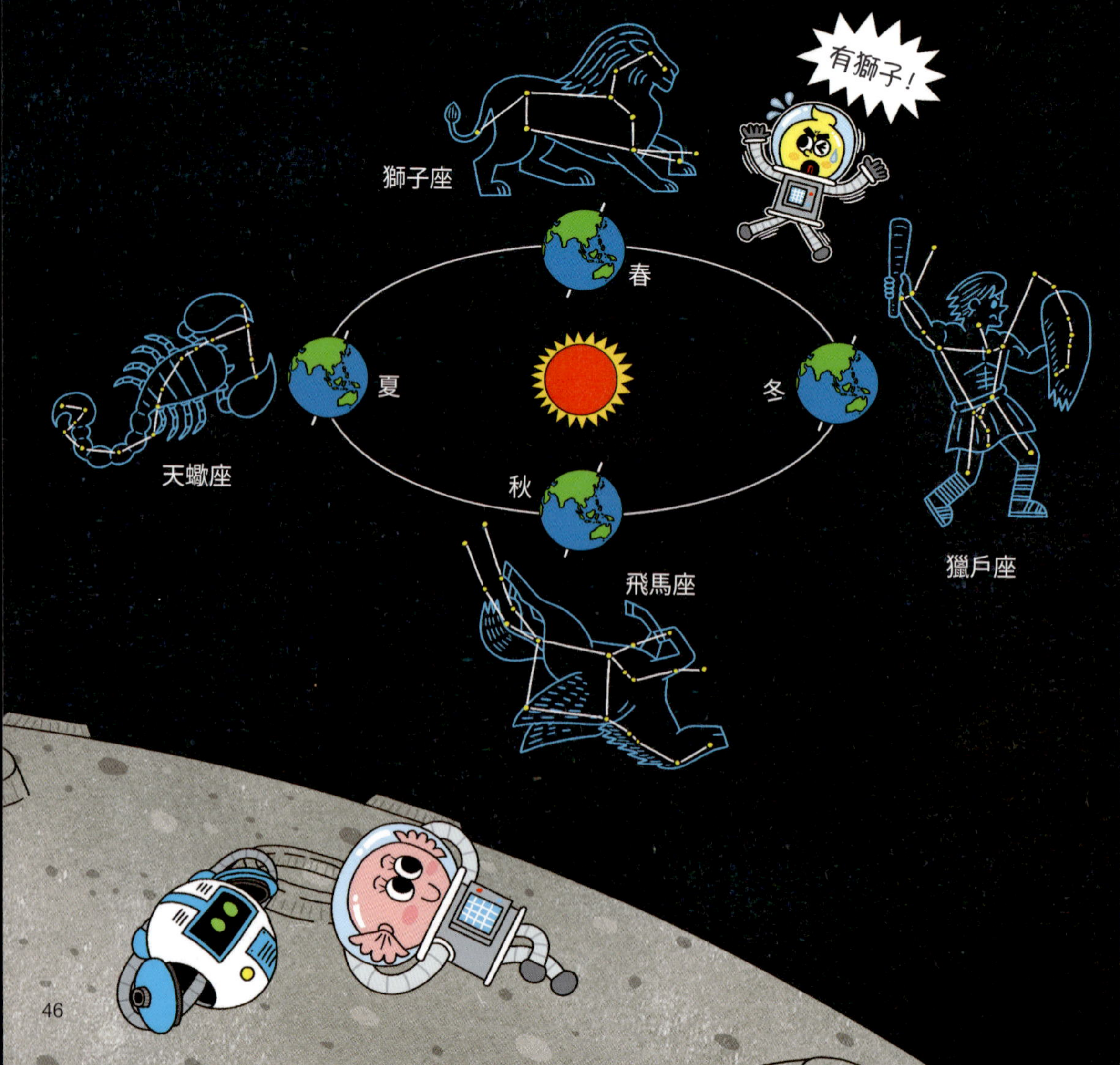
有獅子！
獅子座
春
夏
冬
秋
天蠍座
獵戶座
飛馬座

跟你們講講秋天看得見的飛馬座的故事吧！

從前有一隻叫做佩加索斯，長著翅膀的飛馬。
勇敢的佩加索斯常常幫主人一起擊退怪物。
佩加索斯，我們衝啊！
嘶嘶！
主人在佩加索斯的幫助下成爲國王的繼承人，
他騎著佩加索斯飛向天際。
我這麼厲害，都可以當神了
不行啦！宙斯大人會生氣的！
發怒的宙斯讓佩加索斯嚇了一跳，主人因此從馬背上摔下來死了。
而受驚嚇的佩加索斯則奔向銀河，變成了星座。
嗚嗚！
呃啊！
區區人類居然想變成神！

問題

星星之中有一顆擅長指路的星星，它叫做什麼名字呢？

①冰塊星　②南極星　③北極星

3 北極星

北極星是指向北邊的星星，它位在地球自轉軸上。
其他星星移動的時候，它則會待在原地，
位置也幾乎不會變動，一整年都看得到它。
所以從前的旅人們都是看著北極星，
在夜裡找路的。

北極星
自轉軸

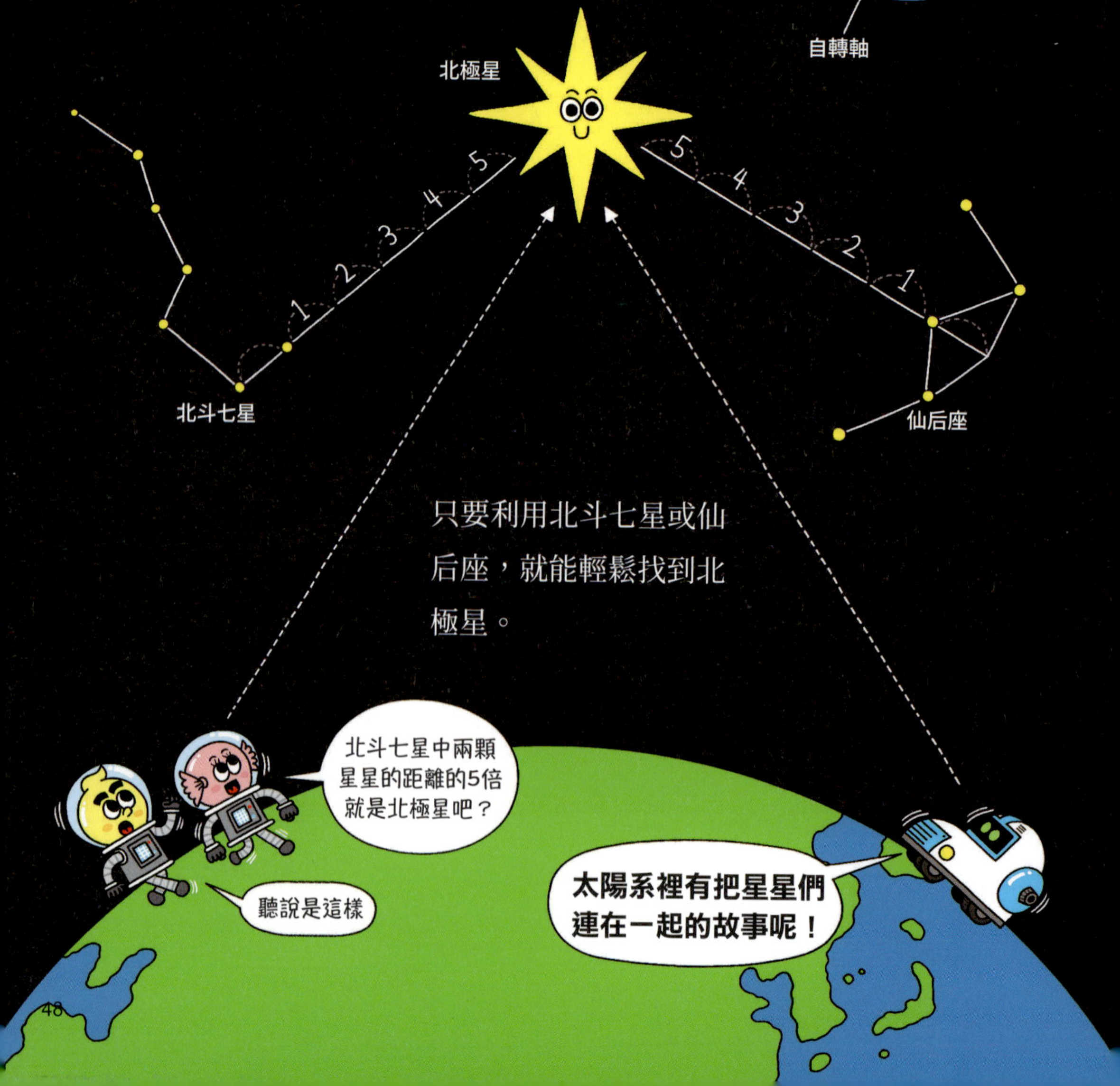
北極星
北斗七星
仙后座
1 2 3 4 5
5 4 3 2 1
北斗七星中兩顆星星的距離的5倍就是北極星吧？
聽說是這樣
太陽系裡有把星星們連在一起的故事呢！

只要利用北斗七星或仙后座，就能輕鬆找到北極星。

快樂的糖果
料理時間！
先在空格中
填上太陽系的
10個關鍵字吧

在廣大的宇宙裡，有無數顆閃耀的○○。

○○是太陽系中唯一自己發光的星星。

圍繞著太陽旋轉的行星總共有○個。

彗星靠近太陽時就會產生尾巴，又被叫做○○○。

有著許多海洋的地球，從太空看起來是藍色的，所以被稱爲○○○。

地球一天會自轉一次，所以出現了○○。

圍繞地球旋轉的○○沒有空氣，還有大大小小的凹洞。

月亮會一直改變形狀，改變形狀的周期約爲○○○。

○○是因爲地球斜著繞太陽旋轉才產生的。

○○是把星星們連在一起組合而成，每個季節都能看到不同的種類。

星星、太陽、8個、掃把星、藍色星球、日夜、月亮、1個月、四季、星座

現在把10個關鍵字丟進糖果機裡吧！
都蒐集到了！
變身大師
星星
太陽
8個
彗星
藍色星球
日夜
月亮
四季
星座
變身料理開始！
我要撒一大堆閃亮亮的亮粉
讓我來好好攪拌一下！真期待！
繞著糖果機轉八圈吧！
會是什麼味道呢？
抖動
抖動
抖動
抖動
砰！

這就是
轉呀轉的
太陽系口味
團團轉
迴旋糖果
太陽系
糖果完成！

這次到地球
看看吧！

地球

來去地球探險，
出發吧！
喂喂，你們要玩
到什麼時候！
我想先玩玩水
撲通！

大海

我是裝滿水的大海，我最大的特色是什麼呢？

海！
1
打招呼說「海」不是「嗨」
動一下嘛！
2
絕對不會動
我居然是方形的…
3
我是方形的
呃，好鹹！
4
嚐起來很鹹
1

4 嚐起來很鹹

地球是由大海和陸地組成的。其中我（大海）大概佔了地球71%的面積，比陸地還要大。人類把我分成五個大洋，分別取了名字。但其實我是都連在一起的哦！

北極海
太平洋
大西洋
印度洋
南極海
只要搭船，想去哪都行！

我嚐起來很鹹，這是為什麼呢？

很久很久以前，有個小偷偷了神奇的石磨，搭船逃跑的小偷把船停在大海中央，唸起了咒語。
聽說只要唸咒語，願望就會成真！呀呼！鹽啊，快出來吧，嘩啦！
鹽不停地冒出來，直到船都要沉了，就算掉進了海裡也一直冒個不停。
啊啊，要怎麼停下來啊……
所以海水才會這麼鹹。

這只是童話裡的有趣故事啦！
真正的原因是地上的岩石含有鹽的成分，
而鹽溶進雨水中，再流到我這裡來的關係。
經過長久歲月不停累積，才會變得這麼鹹的。

哎喲，好鹹！

問題

我會水波蕩漾、不停晃動，那會有什麼出現呢？

①波浪　②頭暈　③美人魚

1 波浪

恐怖吧？我是可以吞噬房子的巨大波浪，海嘯！

我是上上下下、搖搖擺擺的波浪。
產生波浪是因為有風或是地震等等，
有各式各樣的原因。
我也可以製造非常洶湧的巨大波浪。

在跟陸地相接的海邊，我還會玩躲貓貓，
這時波浪就可以沖出沙灘或泥灘。

就要淹過陸地了，我是漲潮！
海水退了、陸地出現，我是退潮！

海水真是太棒了！
我也要跟海浪玩

雕刻家

我是把海岸打造得立體有形的波浪，我是怎麼成爲雕刻家的呢？

1
我是型男
很簡單吧？
2
我很會畫畫
哈啊啊啊！
3
我力氣很大
哼！
4
我個性很尖銳
2

3 我力氣很大

只要波浪長時間大力沖刷，堅硬的岩石也可以被削掉。
像這樣削減的過程就稱為「侵蝕」。

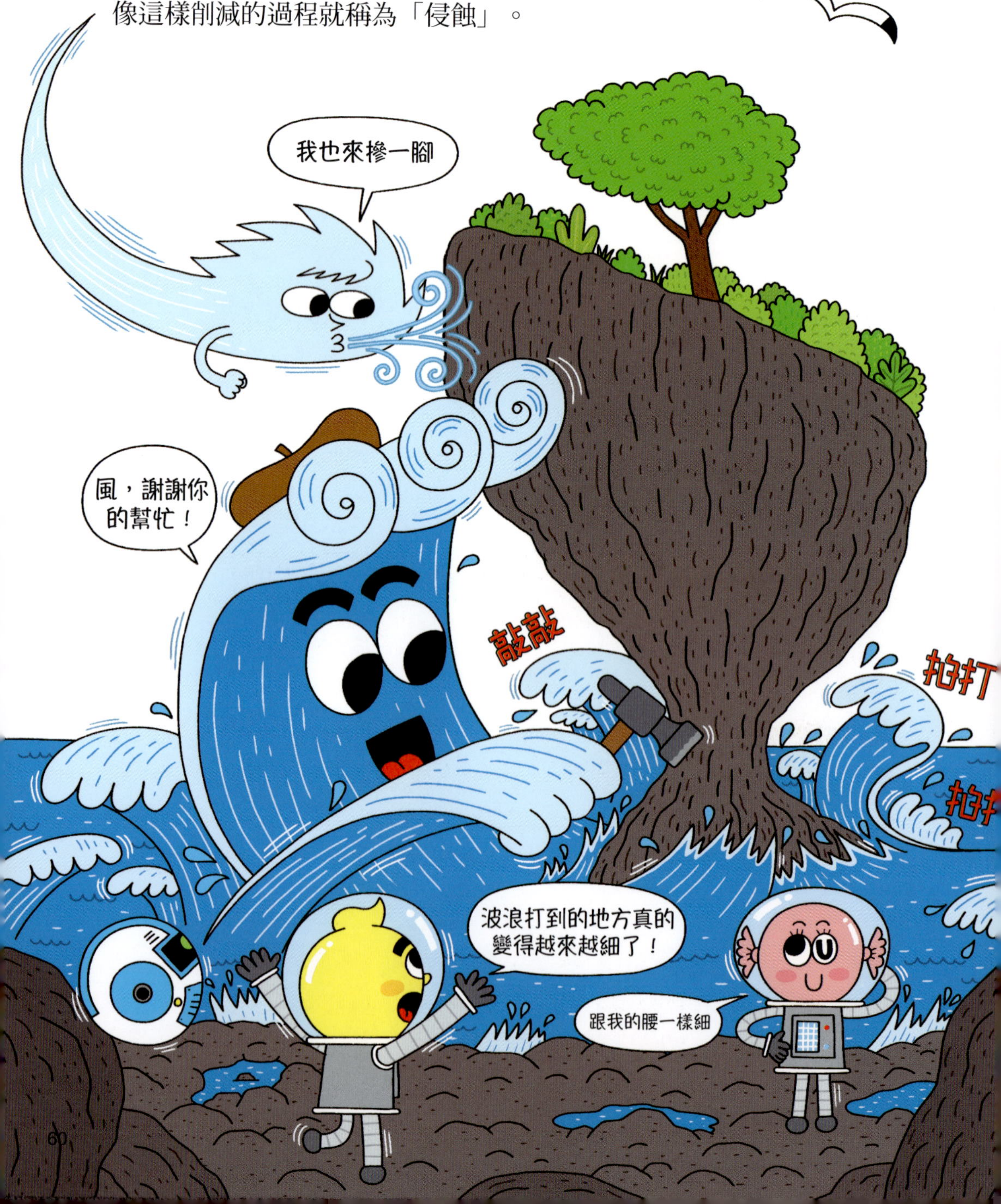
我也來摻一腳
風，謝謝你的幫忙！
敲敲
拍打
拍打
波浪打到的地方真的變得越來越細了！
跟我的腰一樣細

哇，是大象鼻子！
好美啊！
飛
再巨大的岩石，只要集中拍打某些部位也能雕成氣派的作品。
嘿嘿，厲害吧！

我還能改變海岸的形狀，長時間侵蝕岩壁，形成海蝕崖。
你放過我吧！
拍打

再往下侵蝕出洞窟，就形成海蝕洞了。
拍打
拍打
拍打

問題

可以形成洞窟的不只波浪，還有誰也會呢？

①妖精　②眼淚　③地下水

3 地下水

雨水流進地底後，會形成二氧化碳含量很高的水。
這些水滲進石灰岩中，就會將岩石融化產生空間，
這就是所謂的溶洞（石灰岩洞）。
此時融出的物質會累積在洞窟各處，變成新的模樣。

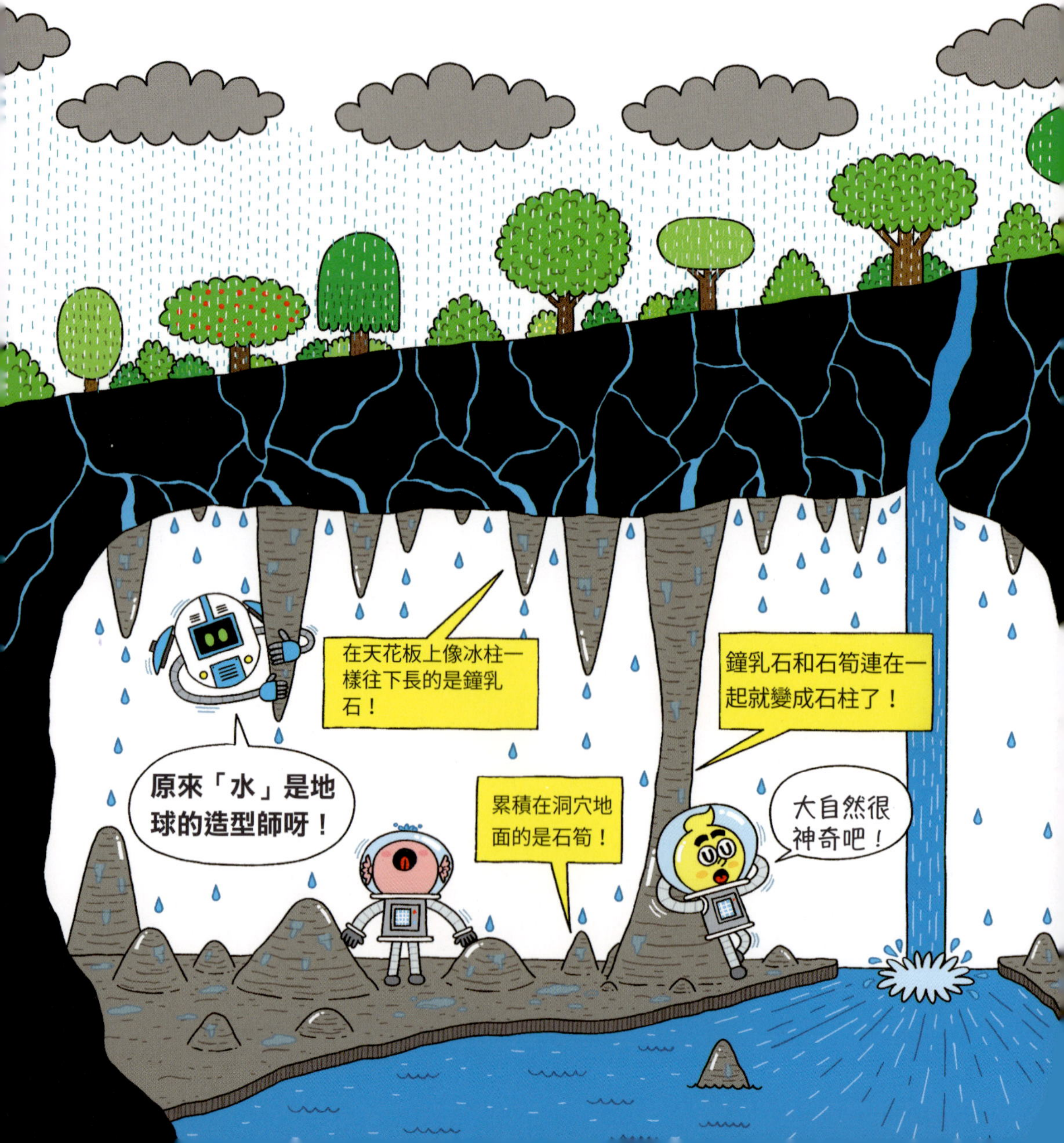

在天花板上像冰柱一樣往下長的是鐘乳石！
原來「水」是地球的造型師呀！
累積在洞穴地面的是石筍！
鐘乳石和石筍連在一起就變成石柱了！
大自然很神奇吧！

河流

我是匯集了許多水，在地表流動的河流，爲什麼我會流動呢？

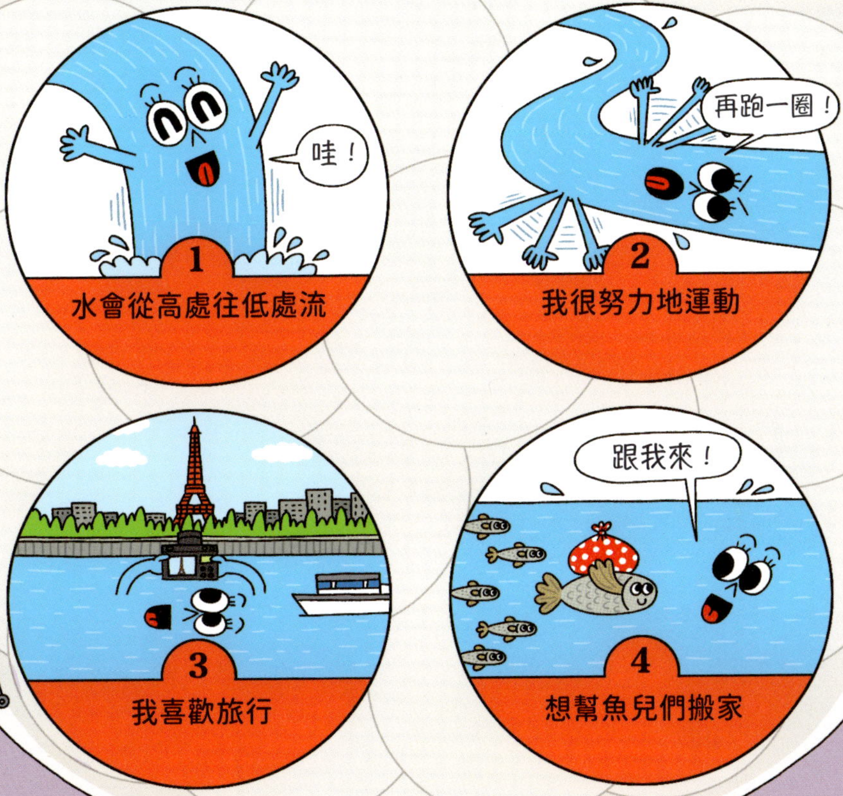

哇！
1
水會從高處往低處流
再跑一圈！
2
我很努力地運動
3
我喜歡旅行
跟我來！
4
想幫魚兒們搬家

1 水會從高處往低處流

我出生的時候是高山上的山泉水，然後會一直流到遠方的大海裡。流動的時候我會同時做很多事情喔！讓我來告訴你，我擅長什麼吧！

哇哇！
第一件事是
連續侵蝕！
比起河岸內側，我
更愛侵蝕外側
侵蝕外側的速度
也比內側快喔！
哎呀，好痛！
呀呼，跳水啦！

我的力氣比看起來大很多喔！不只土壤，連岩石都能輕鬆雕刻呢！

我會從水勢更強的上流，用V字挖出深深的溪谷，

切呀切地V型谷完成！

哈囉！
這是我的作品！

第二件我擅長的事，是我很擅長搬運東西！

我很會搬運重的東西喔！當我加快速度流過，

就能把沖下來的土壤和石頭搬去其它地方。

還有我啊！
沒問題，我馬上回來！
我也要！

問題

除了侵蝕、搬運之外，我還有第三件擅長的事喔！是什麼呢？

①快遞包裹　②堆積　③變成白開水

2 堆積

我從山上往下流到平原或流進海裡的時候，流動力會變弱，所以我會把搬過來的土和石頭放在附近，這些土壤堆積之後就會變成新的土地。

第三件擅長的事，是把搬運物堆起來，這叫堆積！

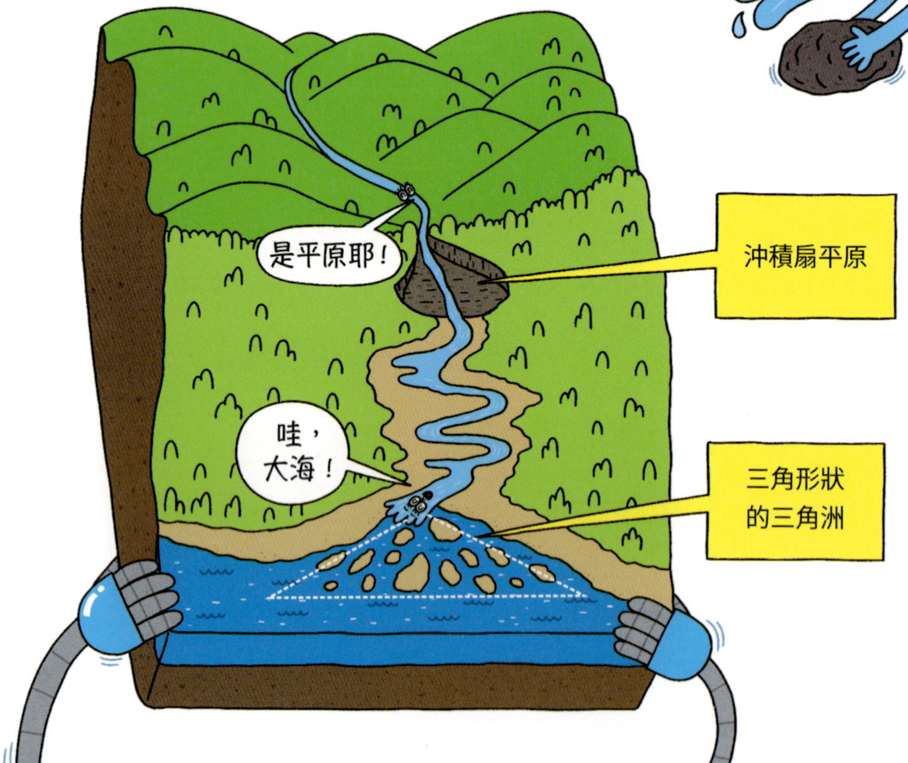

是平原耶！
沖積扇平原
哇，大海！
三角形狀的三角洲

我從上游流到下游，從不停歇，
所以地形也不停改變。

好多不同的地形喔！
還可以堆個城堡耶

土壤

輪到我了！我是覆蓋地球表面的小顆粒！你知道我原本是什麼嗎？

嘩！

1
全身溼答答的搗蛋鬼

2
甜甜的巧克力

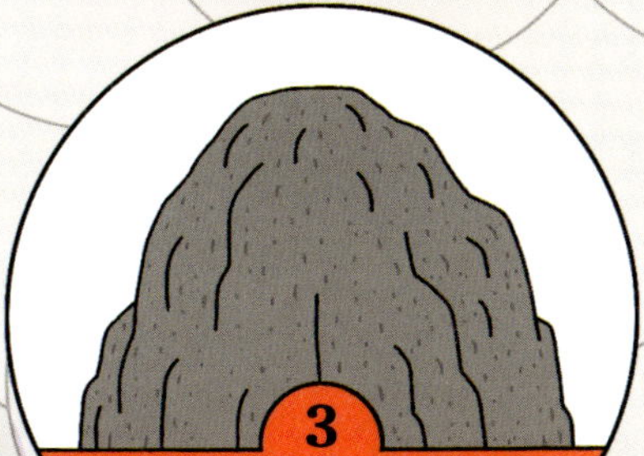

3
巨大的岩石

4
住在地底的巨人

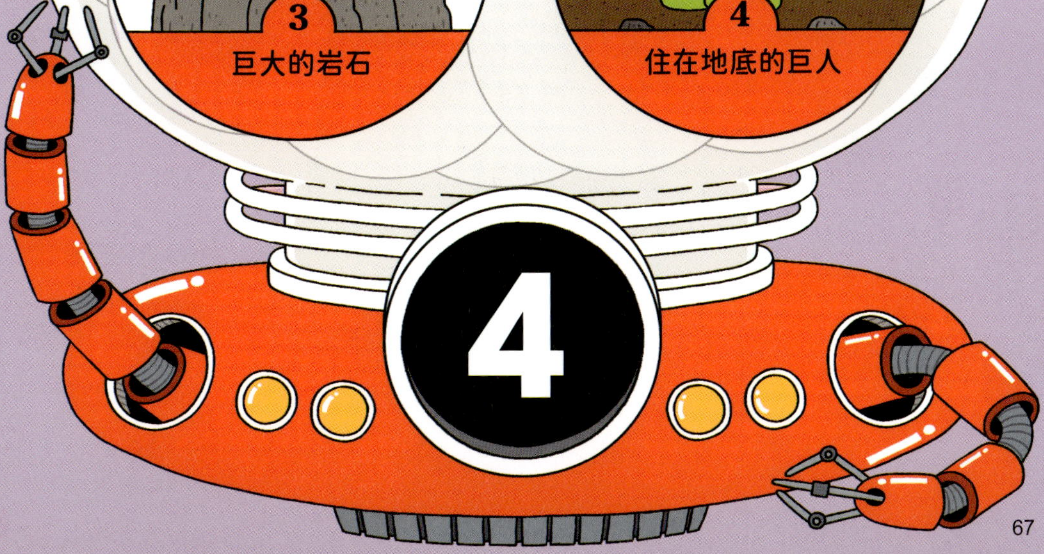
4

3 巨大的岩石

我原本是巨大的岩石，被分成碎塊之後就變得這麼小了。
是誰把我變得這麼小的呢？

白天和夜晚的溫差大，會讓巨大岩石出現裂縫，久而久之就碎裂了。
好熱！
裂！
抖
抖
植物的根在生長的時候，也會讓小石頭裂得更碎。
啊，又變小了！
好痛！
下大雨的時候，也可能讓石頭碎裂。
分三段！
石頭們會因為風吹而相互碰撞，也就變得越來越小了。
風力按摩
溫度、植物、雨水和風，造就了我喔！

經過長時間作用，使岩石碎裂分解，就叫做風化作用。

像這樣做出來的土壤不僅尺寸不同，連外形、顏色也不一樣。

我們來仔細看看吧！

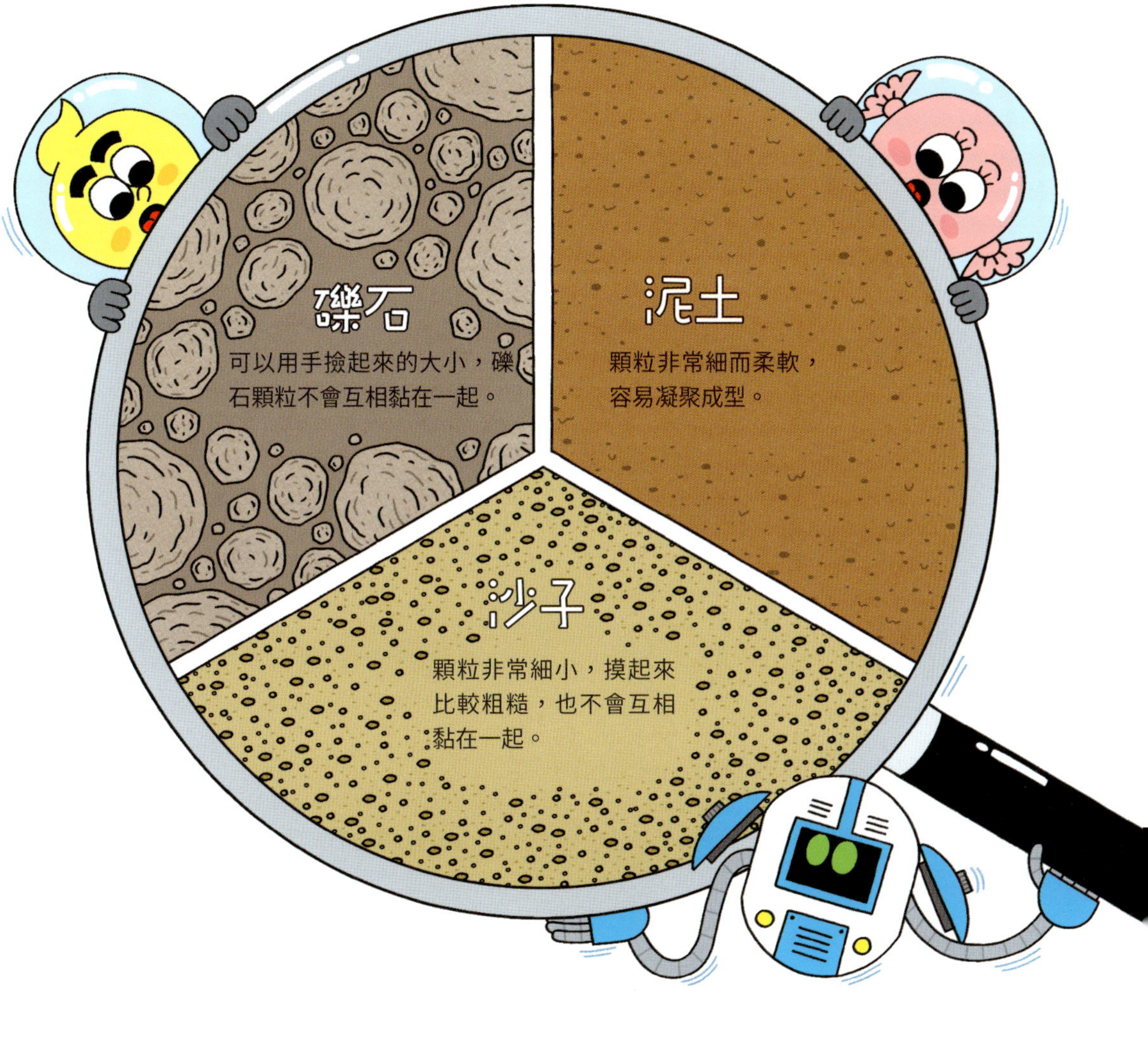
礫石
可以用手撿起來的大小，礫石顆粒不會互相黏在一起。
泥土
顆粒非常細而柔軟，容易凝聚成型。
沙子
顆粒非常細小，摸起來比較粗糙，也不會互相黏在一起。

問題

雖然我變小了，卻因此得到了巨大的力量，那是什麼力量呢？

①分身術　②隱身術　③養分

3 養分

我（土壤）的身體裡埋著許多樹葉、草和死去的動物。
它們腐敗之後就會變成有用的養分。
我會像銀行一樣把養分儲存起來，再分給植物們使用。

而動物們就是吃這些植物活下去的。如果地球上沒有我的話，那麼陸地上就不可能有動物和植物生存了。

地球上有著養分豐富的土壤
這些硬硬的也是土嗎？

岩石三明治

我是土壤堆積形成的石頭，
我叫什麼名字呢？

1
樂高岩
2
大佛岩
15樓
14樓
13樓
3
沉積岩
4
高樓岩
5

3 沉積岩

來看看我是怎麼形成的吧！

我是水，我是主廚！
看我大展身手吧！
我是副主廚，風！

① 水會把礫石、沙子、泥土等土壤，從河川上游搬過來。

② 比較重的礫石沉到底下，沙子和泥土則交錯著堆積在礫石之間。

我也來幫忙，呼！

長時間後，
就會硬化喔！

③ 像這樣反覆好多次，一層一層疊起來，沉積岩就完成了！

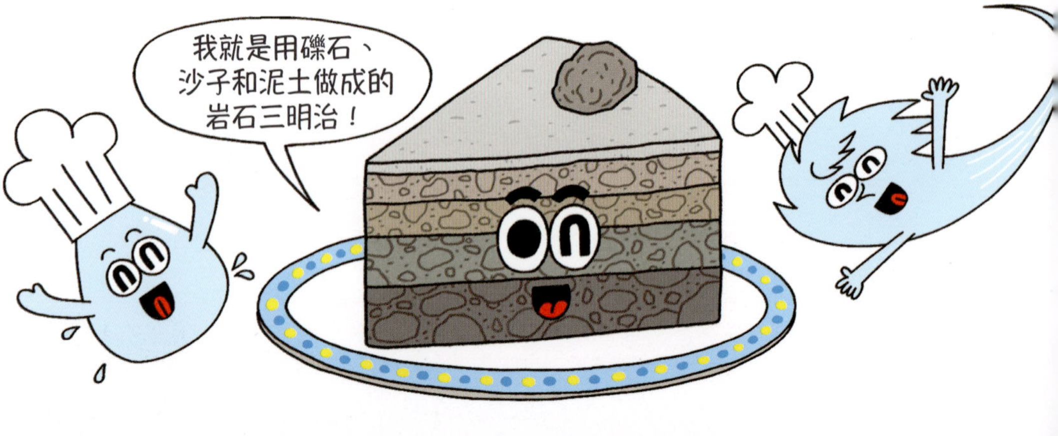
我就是用礫石、
沙子和泥土做成的
岩石三明治！

用沙子做成的沙岩三明治
用泥土做成的泥岩三明治
有貝殼、海螺殼混入的石灰岩三明治
看起來好好吃！
保存期限過了嗎？

我們沉積岩是從地球誕生的時候開始直到現在，
經過長時間不斷堆積，形成了地球表面上大部分的陸地。

問題

這些岩石再不停地堆積下去，會被稱爲什麼呢？

①三層　②好多層　③地層

3 地層

地層之間如果埋著動物骨頭、貝殼、植物等，
可是會變成寶物喔！

埋在地底的羊齒植物，受到上層土壤的重壓，會變成煤炭。
住在海裡的浮游生物或動物，死掉之後也會變成埋在海底的石油。

像這樣在地層裡找到的煤炭和石油，
都是我們生活中重要的燃料。

原來地球藏著寶物呢！
我們來尋寶吧！
GO！

化石

找我嗎？我是地層裡的時光機喔！
知道人們爲什麼這樣稱呼我嗎？

滴答
滴答

1 我會精準報時

2 可以去到未來

3 可以知道地球過去的樣子

1 2 3 4 5
6 7 8 9 10 11 12
13 14 15 16 17 18 19
20 21 22 23 24 25 26
27 28

4 我身上刻著月曆

6

3 可以知道地球過去的樣子

我是恐龍化石！化石是過去活著的動物的骨頭、腳印或植物留下的痕跡。現在來聽聽我的故事吧！

1
有一天，巨大的暴龍
和我打了一架。
這裡的老大是我！
啊！
踢
2
我受了重傷，爲了喝水走到湖邊，
後來我全身無力，最後在湖邊倒下
死掉了。
我怎麼這
麼歹命啊
3
之後連續下了好多天的雨，我被雨
水沖進湖中，沉到了湖底。
4
時光流逝，我的肉都爛了，只剩下
骨頭。

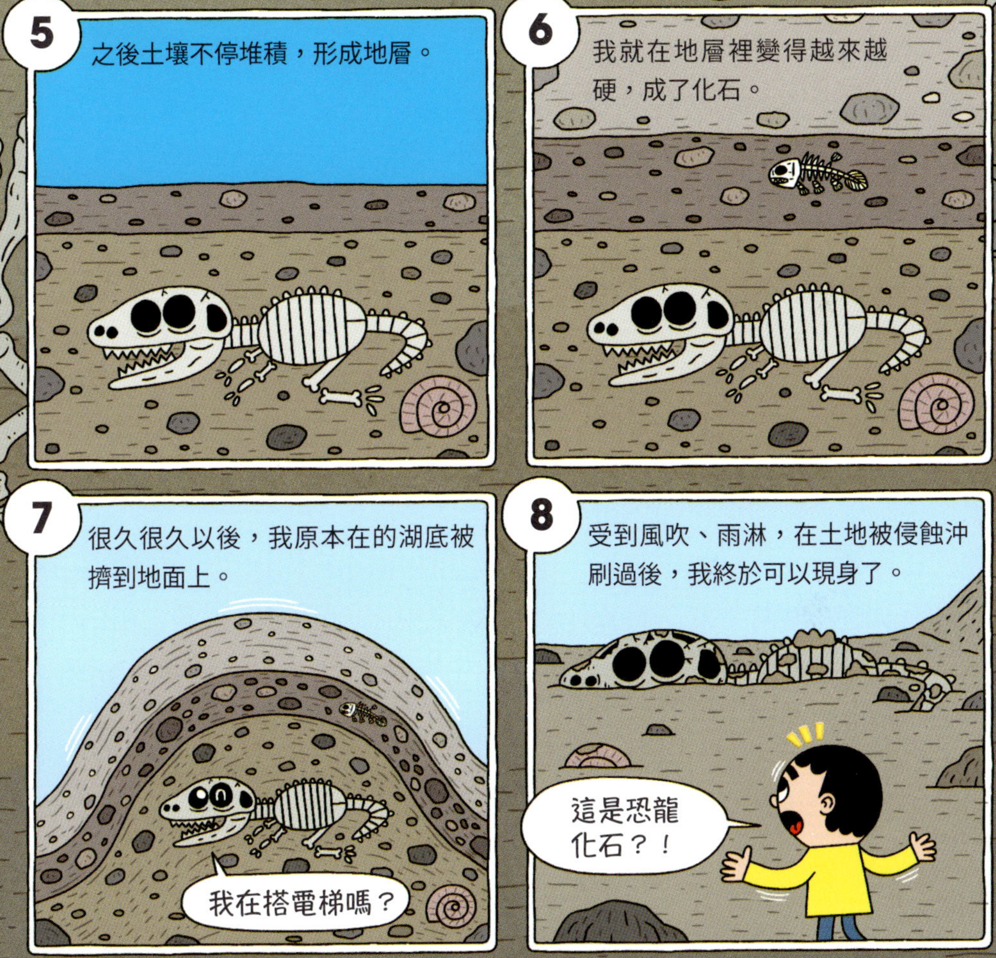
5
之後土壤不停堆積，形成地層。
6
我就在地層裡變得越來越硬，成了化石。
7
很久很久以後，我原本在的湖底被擠到地面上。
我在搭電梯嗎？
8
受到風吹、雨淋，在土地被侵蝕沖刷過後，我終於可以現身了。
這是恐龍化石？！

問題

恐龍生活的時代，我們稱爲什麼呢？

①小學生代　②中生代　③高年級

2 中生代

如果在地層裡發現特定時代的生物化石，

就可以知道那個地層是什麼時候形成的。

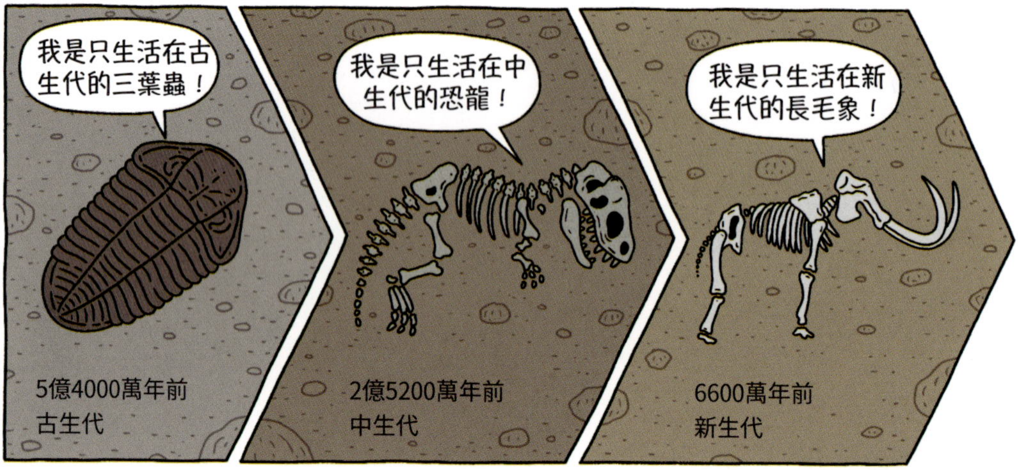

我是只生活在古生代的三葉蟲！
5億4000萬年前
古生代
我是只生活在中生代的恐龍！
2億5200萬年前
中生代
我是只生活在新生代的長毛象！
6600萬年前
新生代

因為也能透過化石，了解動、植物生活的環境，

所以可以想像數千萬、數億年前地球的樣子。

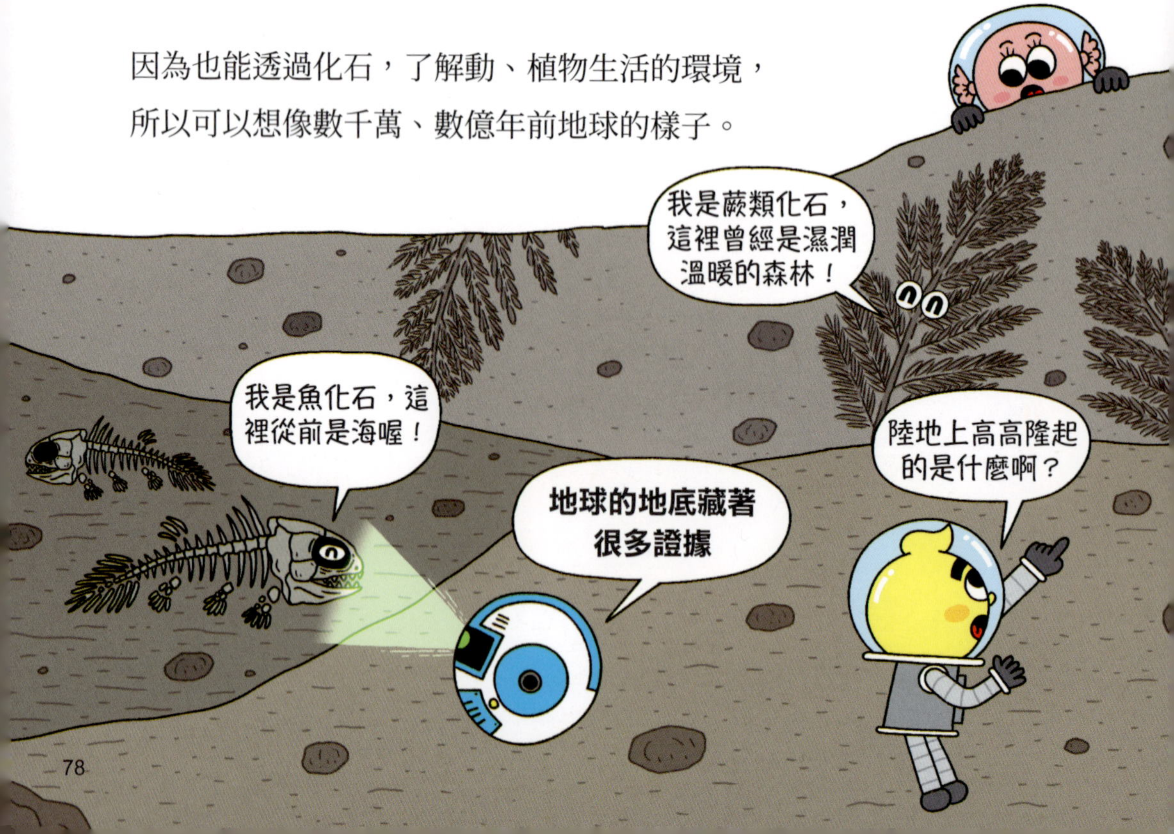

我是蕨類化石，這裡曾經是濕潤溫暖的森林！
我是魚化石，這裡從前是海喔！
地球的地底藏著很多證據
陸地上高高隆起的是什麼啊？

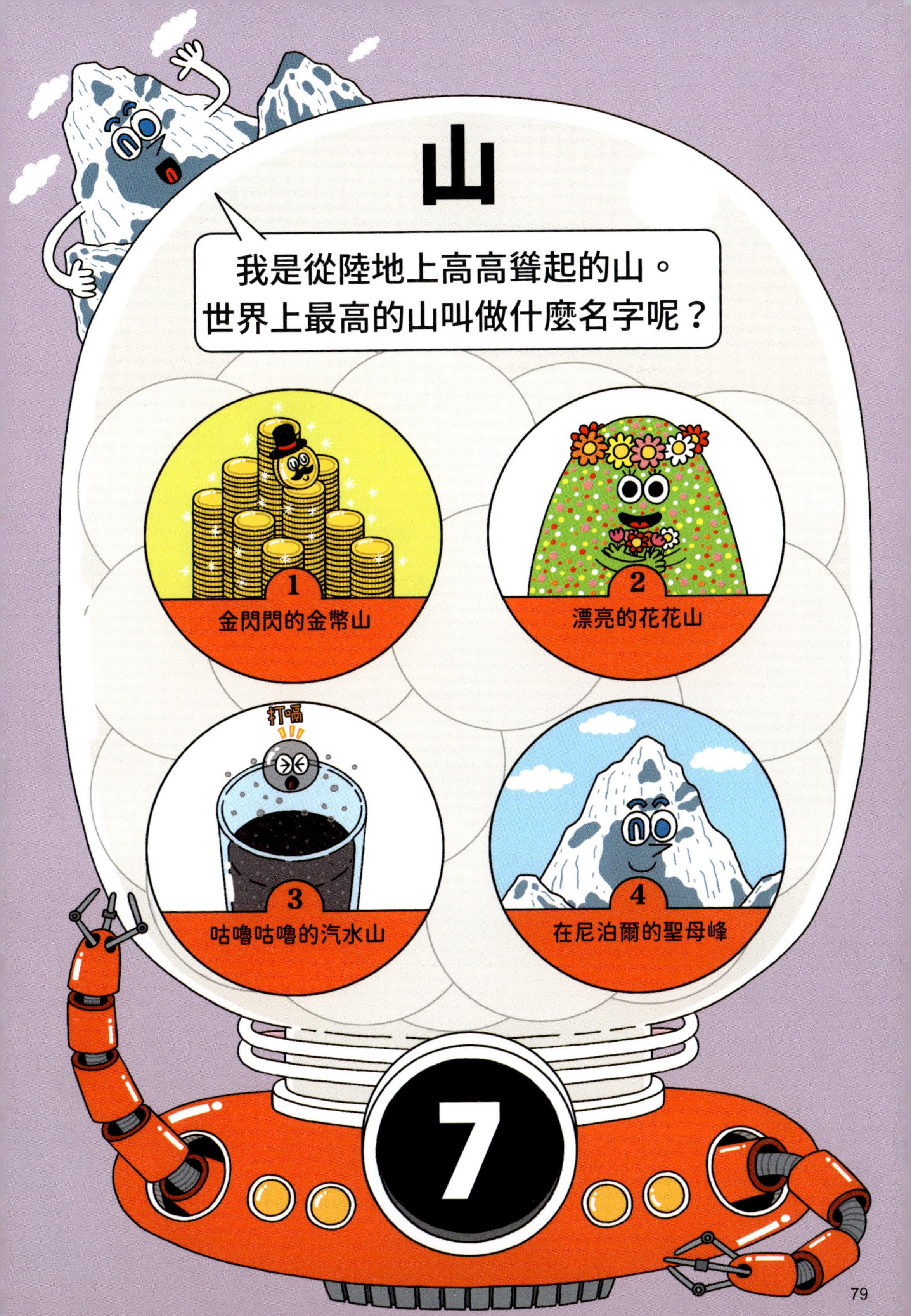
山
我是從陸地上高高聳起的山。
世界上最高的山叫做什麼名字呢？
1
金閃閃的金幣山
2
漂亮的花花山
打嗝
3
咕嚕咕嚕的汽水山
4
在尼泊爾的聖母峰
7

4 在尼泊爾的聖母峰

告訴你全世界最高的我是怎麼形成的吧！

太高了吧！
很久很久以前，我是海裡的一塊平地。
不過新的陸地一直朝我這裡越來越靠近。
怎麼辦？
我控制不了啊！
快停下來啊！
再過來就要撞到了！

哈囉！
我們碰撞之後就開始全力推擠對方。
可是推擠的力量大到我撐不下去，只好往上擠了出去。
怎麼回事！我都被擠到變形了！
經過好長的時間，我不斷地往上升、往上升，
再往上升，最後就成爲現在這樣的高山了。
我的高度有8,849公尺，而且還在長高喔！
好羨慕啊！

山一般都是像我這樣，是因為兩側推擠的巨大力量而誕生的。

問題

有證據可以證明我曾經是海底的土地，是什麼證據呢？

①在山上發現的貝類化石　②在山頂發現的遮陽傘

1 在山上發現的貝類化石

我是菊石

雖然海裡的土地會像我這樣變成高山，但也有相反的情況。
南海有許多小島從前都是陸地，不過因為海水上漲，
較低的土地被海水淹沒到只剩下山頂露出來，
就成為現在的小島了。

我就要撲上來囉！
手下留情

陸地會長高，也會被水淹沒，
就像這樣不停地改變外貌。

天哪！我變成島嶼了？

怕了吧？

海平面就是這樣上上下下呢！
聞！好像有股燒焦味？

火山

砰！我是喜歡噴火的火山，
我的身體裡面有什麼東西呢？

噗
1
臭屁
2
爆米香
3
大腳怪
4
岩漿
8

4 岩漿

我叫火山，就是「有火的山」的意思。
我的身體裡有岩漿，
因為有它才能噴火和引起爆炸，
來聽聽看我出生的故事吧！

咳咳 咳咳

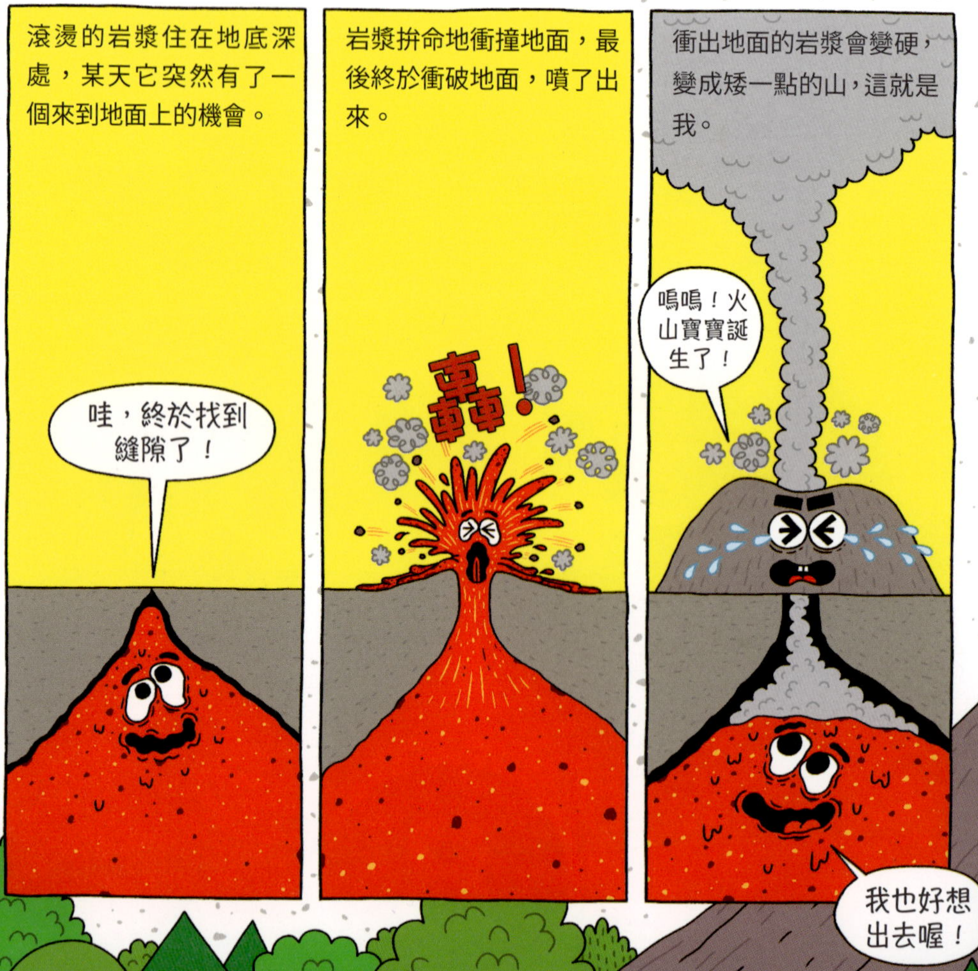

滾燙的岩漿住在地底深處，某天它突然有了一個來到地面上的機會。
哇，終於找到縫隙了！
岩漿拚命地衝撞地面，最後終於衝破地面，噴了出來。
轟！
衝出地面的岩漿會變硬，變成矮一點的山，這就是我。
嗚嗚！火山寶寶誕生了！
我也好想出去喔！

岩漿不斷地噴發，讓我漸漸長成高高的火山。
我每次爆發的時候，也會噴出很可怕的東西喔！

刺鼻的氣體
熾熱的火焰
灰濛濛的火山灰
熔岩
用力！

噴出地表的岩漿被稱為熔岩，
熔岩遇到冷空氣後，
會變成充滿孔洞的玄武岩。

問題

對了，台灣也有火山喔！是哪一座山呢？

①枕頭山　②大屯山　③一二山

2 大屯火山

在臺北地區的大屯火山，就是臺灣本島地區唯一有火山活動跡象的火山喔！而山頂是噴發時的火山口，這座火山口蓄水之後成為一座湖泊就稱為火口湖。

我沒有爆發的時候不但不可怕，
還對人們有幫助呢！
岩漿加熱了地下水，
暖呼呼的～
日本人很喜歡火山
附近的溫泉。
印尼人則在覆蓋火山灰的土地上
種植農作物。
今年咖啡豆
也大豐收！
地球人玩水以外，
也愛玩火！
火山灰的養分
很豐富喔！

地震

我是讓大地搖晃甚至裂開的地震！
傳說中造成地震的原因是什麼呢？

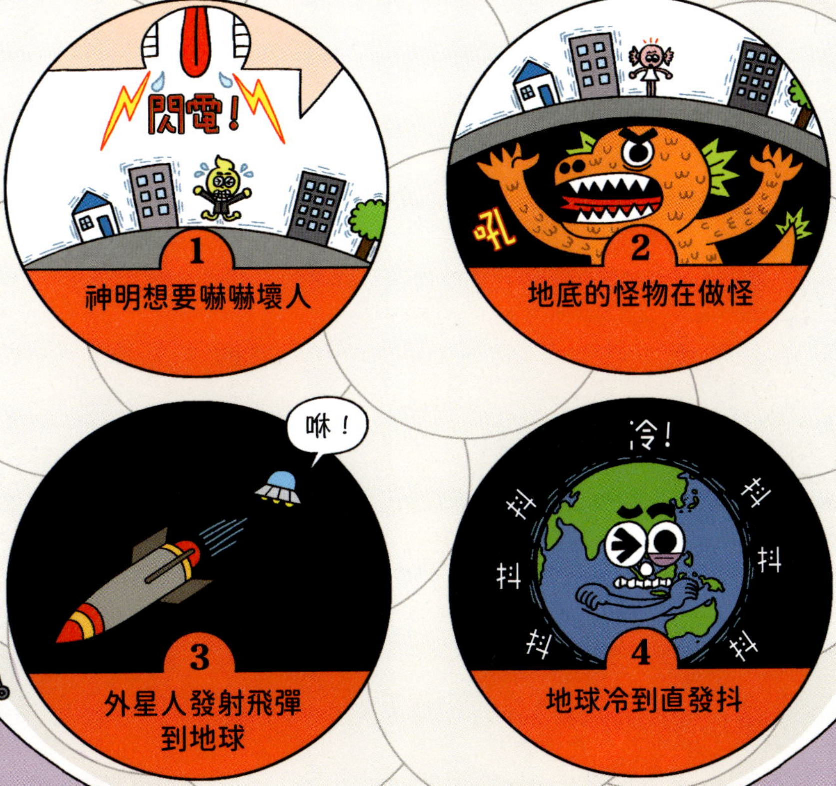
閃電！
1
神明想要嚇嚇壞人
吼
2
地底的怪物在做怪
咻！
3
外星人發射飛彈
到地球
冷！
抖
抖
抖
抖
抖
抖
4
地球冷到直發抖

9

2 地底的怪物在做怪

從前日本人相信之所以會發生地震，
是因為有鯰魚怪住在地底深處。

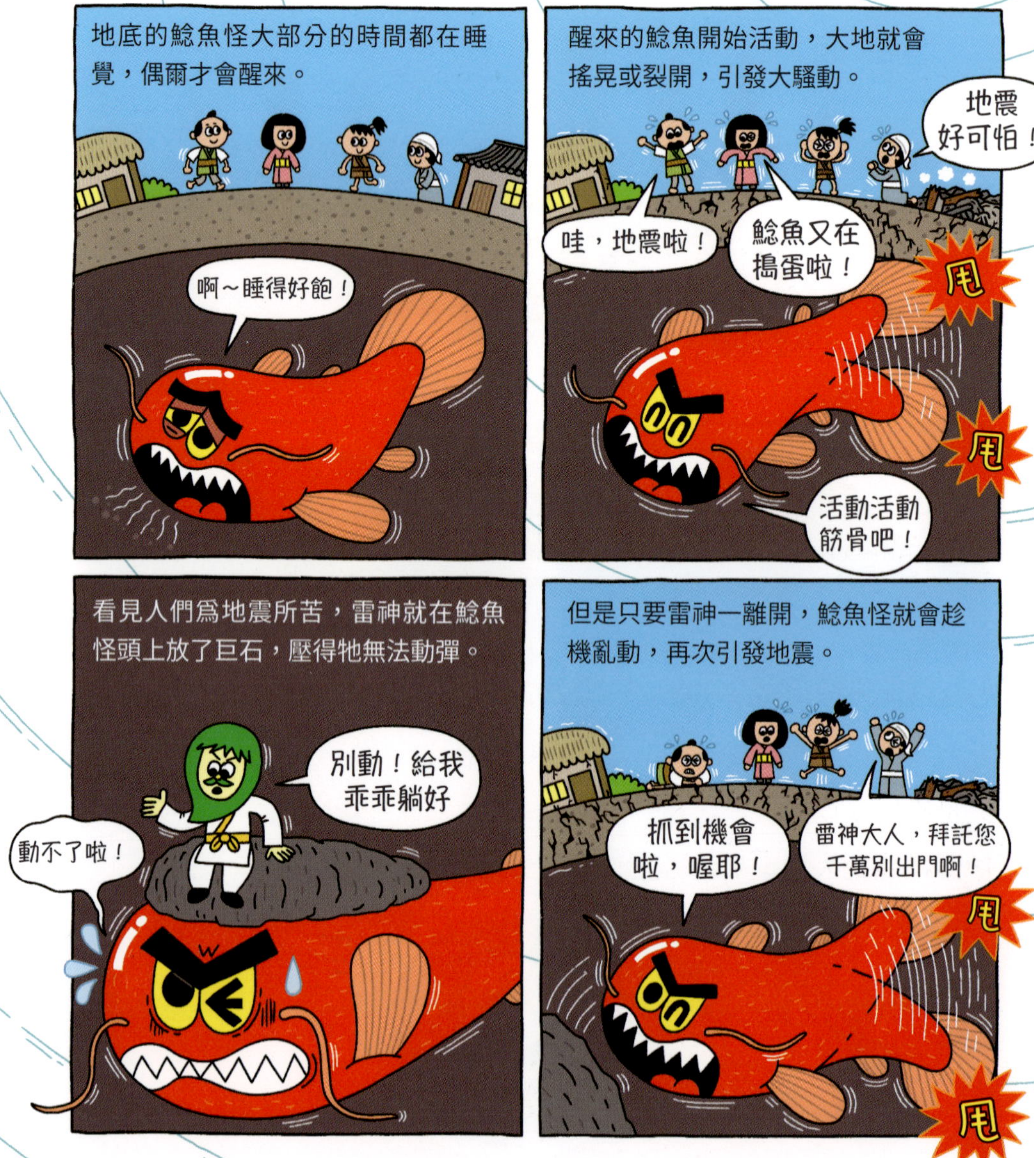
地底的鯰魚怪大部分的時間都在睡覺，偶爾才會醒來。
啊～睡得好飽！
醒來的鯰魚開始活動，大地就會搖晃或裂開，引發大騷動。
哇，地震啦！
鯰魚又在搗蛋啦！
地震好可怕！
甩
甩
活動活動筋骨吧！
看見人們爲地震所苦，雷神就在鯰魚怪頭上放了巨石，壓得牠無法動彈。
別動！給我乖乖躺好
動不了啦！
但是只要雷神一離開，鯰魚怪就會趁機亂動，再次引發地震。
抓到機會啦，喔耶！
雷神大人，拜託您千萬別出門啊！
甩
甩

其實地震會發生並不是鯰魚怪害的，
而是地底的強大力量使地層斷裂才引發的。

真是太危險了

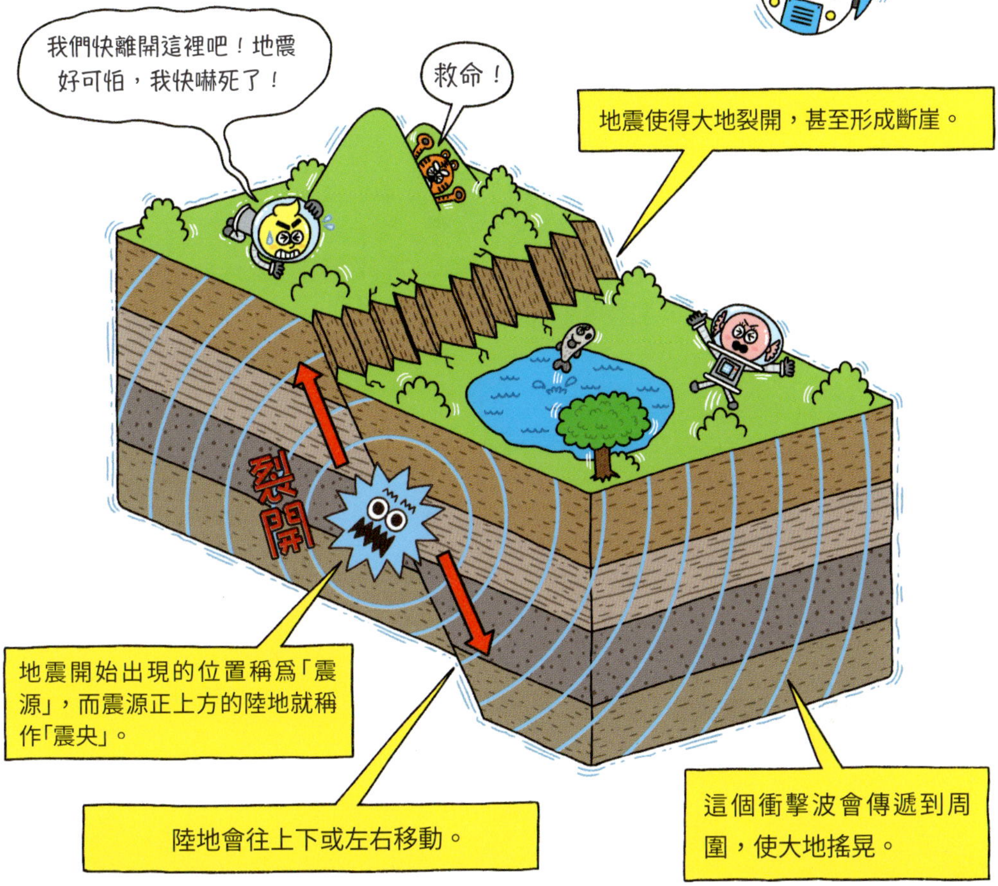
我們快離開這裡吧！地震好可怕，我快嚇死了！
救命！
地震使得大地裂開，甚至形成斷崖。
裂開
地震開始出現的位置稱為「震源」，而震源正上方的陸地就稱作「震央」。
陸地會往上下或左右移動。
這個衝擊波會傳遞到周圍，使大地搖晃。

但是不用太擔心，
像這樣能把大地震裂的強烈地震並不常見。

問題

用來測量地震強弱的單位叫做什麼呢？

①芮氏地震規模　②樂氏　③無名氏

1 芮氏地震規模

晃動開始！

取自地質學家查爾斯．芮克特的名字，稱為芮氏規模。
地震的時候，查爾斯．芮克特測量了我的強度，
從小至大分為10個等級。

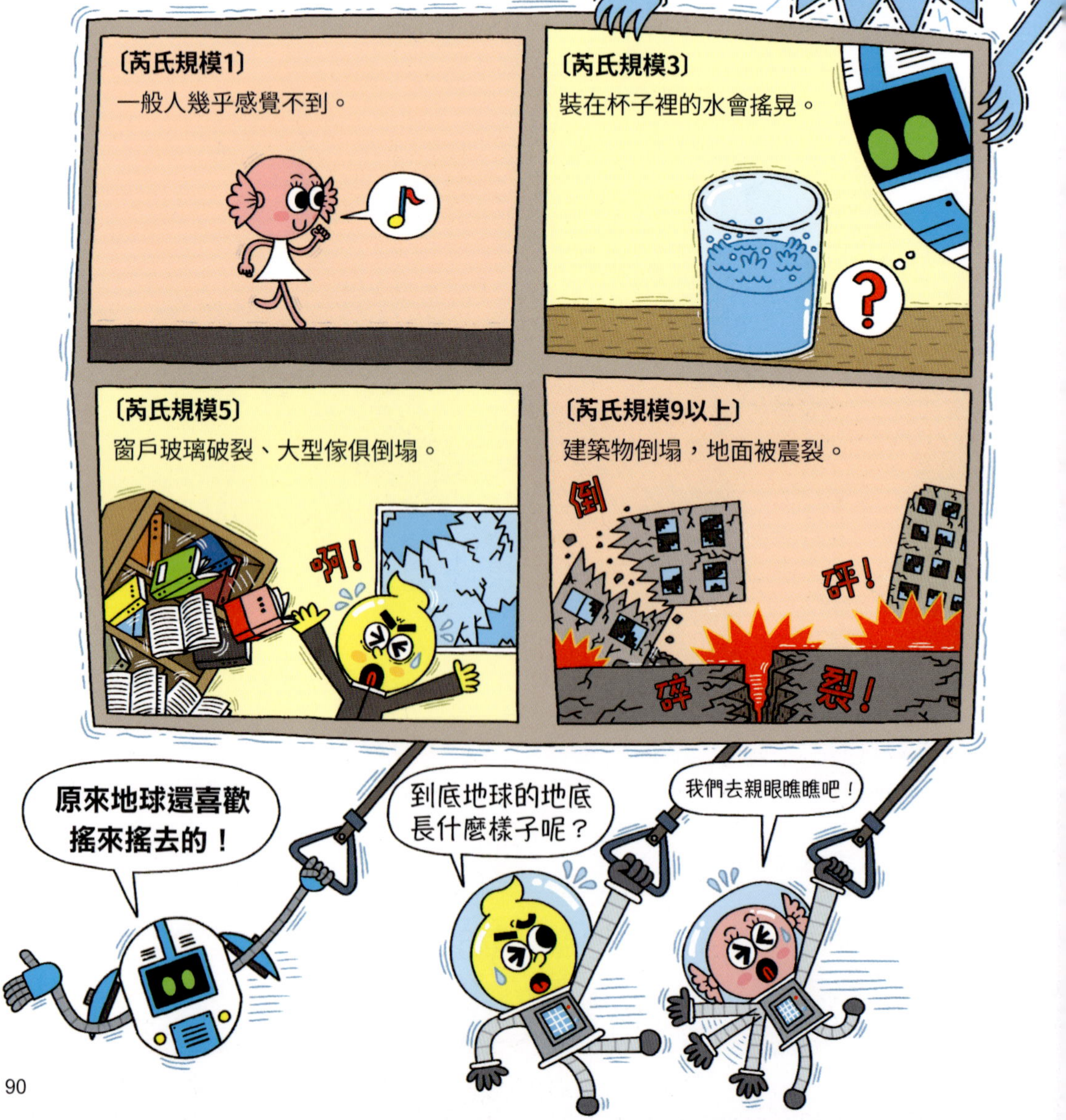
〔芮氏規模1〕
一般人幾乎感覺不到。
〔芮氏規模3〕
裝在杯子裡的水會搖晃。
〔芮氏規模5〕
窗戶玻璃破裂、大型傢俱倒塌。
啊！
〔芮氏規模9以上〕
建築物倒塌，地面被震裂。
倒
砰！
碎
裂！
原來地球還喜歡搖來搖去的！
到底地球的地底長什麼樣子呢？
我們去親眼瞧瞧吧！

外硬內熱

我是表面堅硬，
身體裡的質地卻與表面截然不同的地球，
到底我的體內有什麼不同呢？

有很多洞洞
1
像海綿一樣軟綿綿的
咔滋咔滋
2
像炸雞塊一樣酥脆
燙死了！
3
非常非常燙
草莓？還是巧克力？
4
像冰淇淋一樣清涼

10

3 非常非常燙

我的內部非常燙，而且也非常非常深。
從地表到地球中心的距離，足足有6,400公里喔！
要來看看我的身體裡面長怎樣嗎？

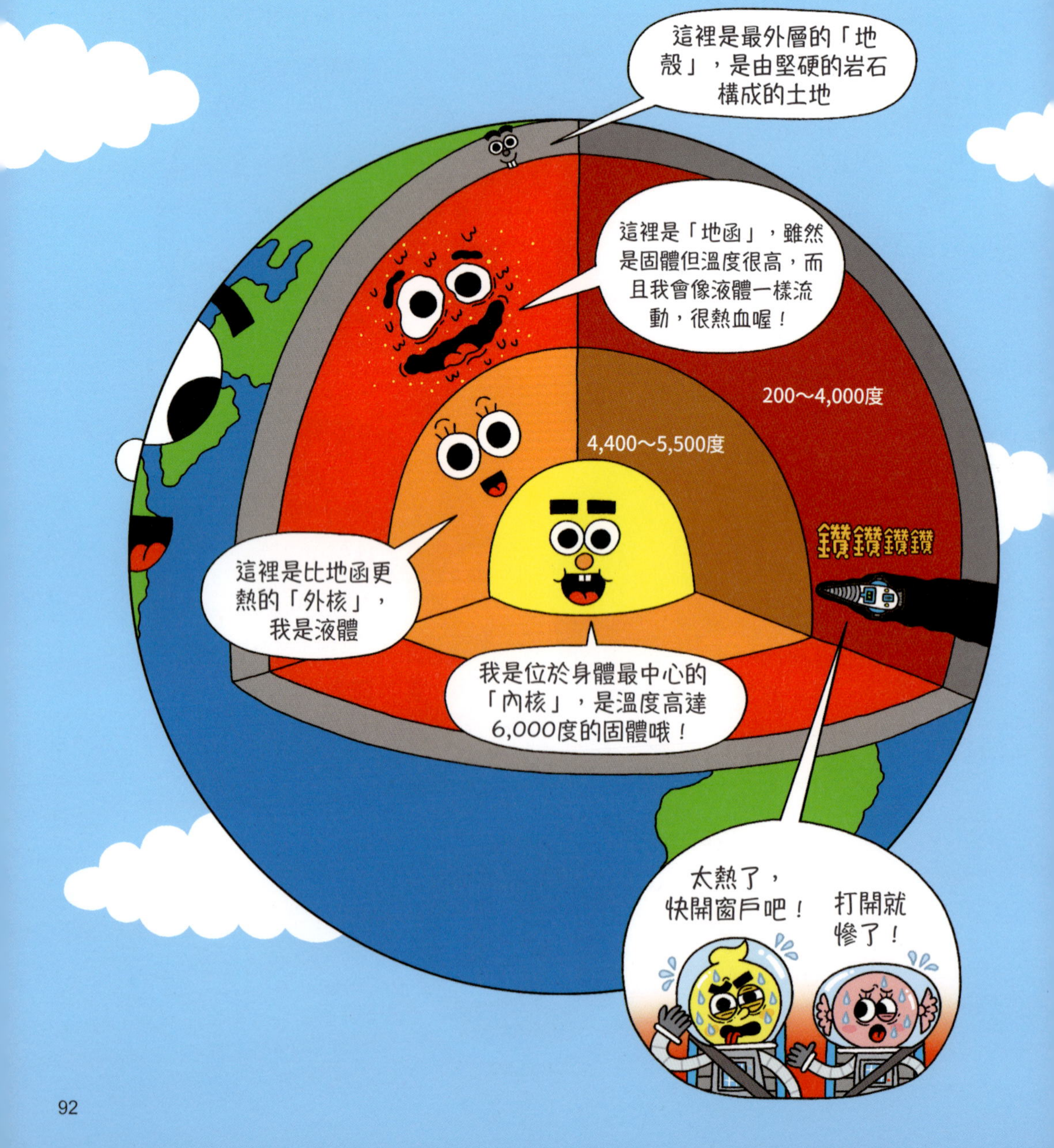

這裡是最外層的「地殼」，是由堅硬的岩石構成的土地
這裡是「地函」，雖然是固體但溫度很高，而且我會像液體一樣流動，很熱血喔！
200～4,000度
4,400～5,500度
鑽鑽鑽鑽
這裡是比地函更熱的「外核」，我是液體
我是位於身體最中心的「內核」，是溫度高達6,000度的固體哦！
太熱了，快開窗戶吧！
打開就慘了！

這次來認識一下熱情如火的地函吧！

聽說你的成分很特別，是什麼啊？
是岩漿啊！岩漿工廠的位置主要是在和地殼交會的地方，用我的熱度把地殼融化之後，就會變成黏黏的岩漿，要用這些做出火山呢！

你平常都在做些什麼啊？
我不休息，一直在移動。而我上面的地殼會跟著我一起動，我可以造山，當然也會引發地震
晃
晃
震動

天啊！原來都是地函在搗蛋啊！
地函真有一套！

問題

地函運動導致地球產生了變化，是什麼變化呢？

①把大地分成了好幾塊　②長出雙眼皮了

1 把大地分成了好幾塊

地球上的巨大土地叫做「大陸」。

很久很久以前，據說大陸曾經是一整塊完整的土地。

從地圖上把這些陸地們剪下來當成拼圖，

會發現它們居然拼得起來，非常不可思議！

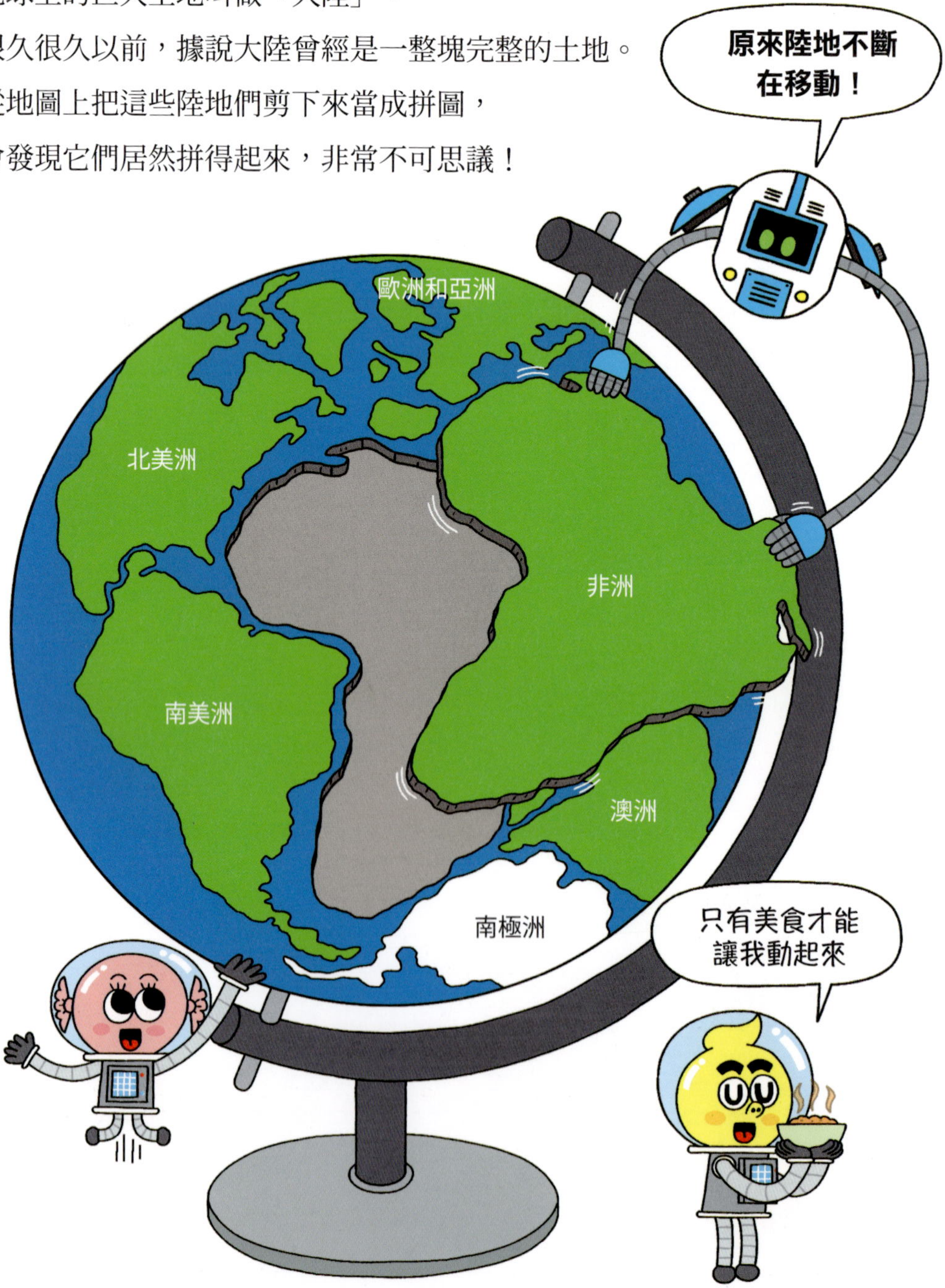

原來陸地不斷在移動！
歐洲和亞洲
北美洲
非洲
南美洲
澳洲
南極洲
只有美食才能讓我動起來

快樂的糖果料理時間！
先在空格中填上地球的10個關鍵字吧

地球表面是由○○和陸地組成，其中大海約佔71%。

在海上翻騰的○○是可以打造出懸崖、洞窟的雕刻家。

○○由高處往低處流，它會侵蝕岩石、搬運土壤，並製造出陸地。

覆蓋陸地的○○中含有養分，使植物生長。

由礫石、沙子和泥土沉積而成的○○○，長得就像岩石三明治一樣。

動物的骨頭和植物的遺跡會留在地層中形成○○。

地層從兩側受到強烈擠壓，於是向上擠出了○。

地球內部的岩漿穿破地面噴發出來，就會形成○○。

地底的強大力量使地層斷裂時，就會發生○○。

地球的外面有著堅硬的○○，內部則由炎熱的○○、外核及內核組成。

大海、波浪、河流、土壤、沉積岩、化石、山、火山、地震、地殼地函

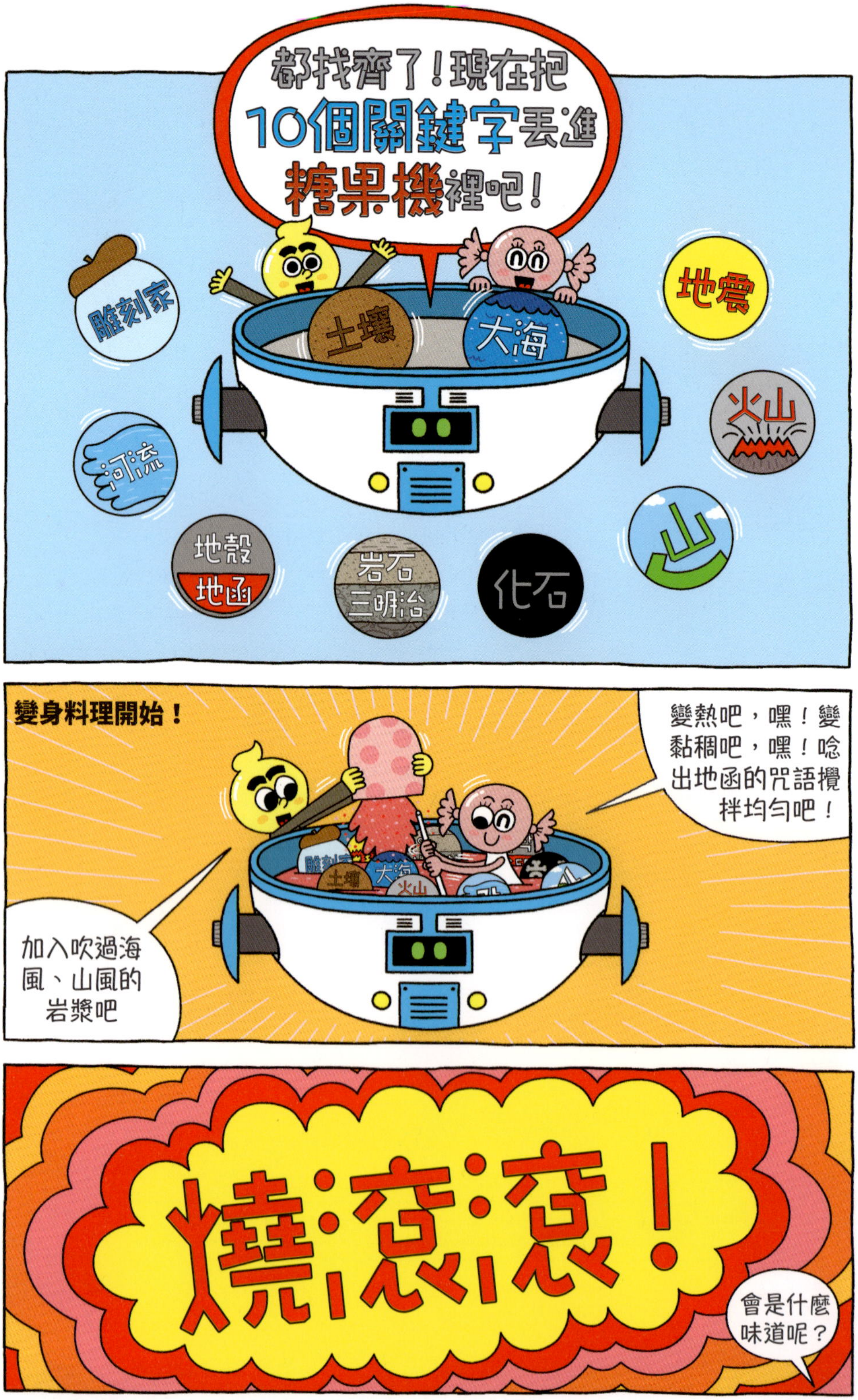
都找齊了！現在把10個關鍵字丟進糖果機裡吧！
雕刻家
土壤
大海
地震
火山
河流
山
地殼
地函
岩石
三明治
化石
變身料理開始！
變熱吧，嘿！變黏稠吧，嘿！唸出地函的咒語攪拌均勻吧！
加入吹過海風、山風的岩漿吧
燒滾滾！
會是什麼味道呢？

從不休息
持續運轉的
地球的熱血滋味

地球糖果
完成！

動來動去
岩漿QQ糖

這次飛去天上
看看吧！

天氣

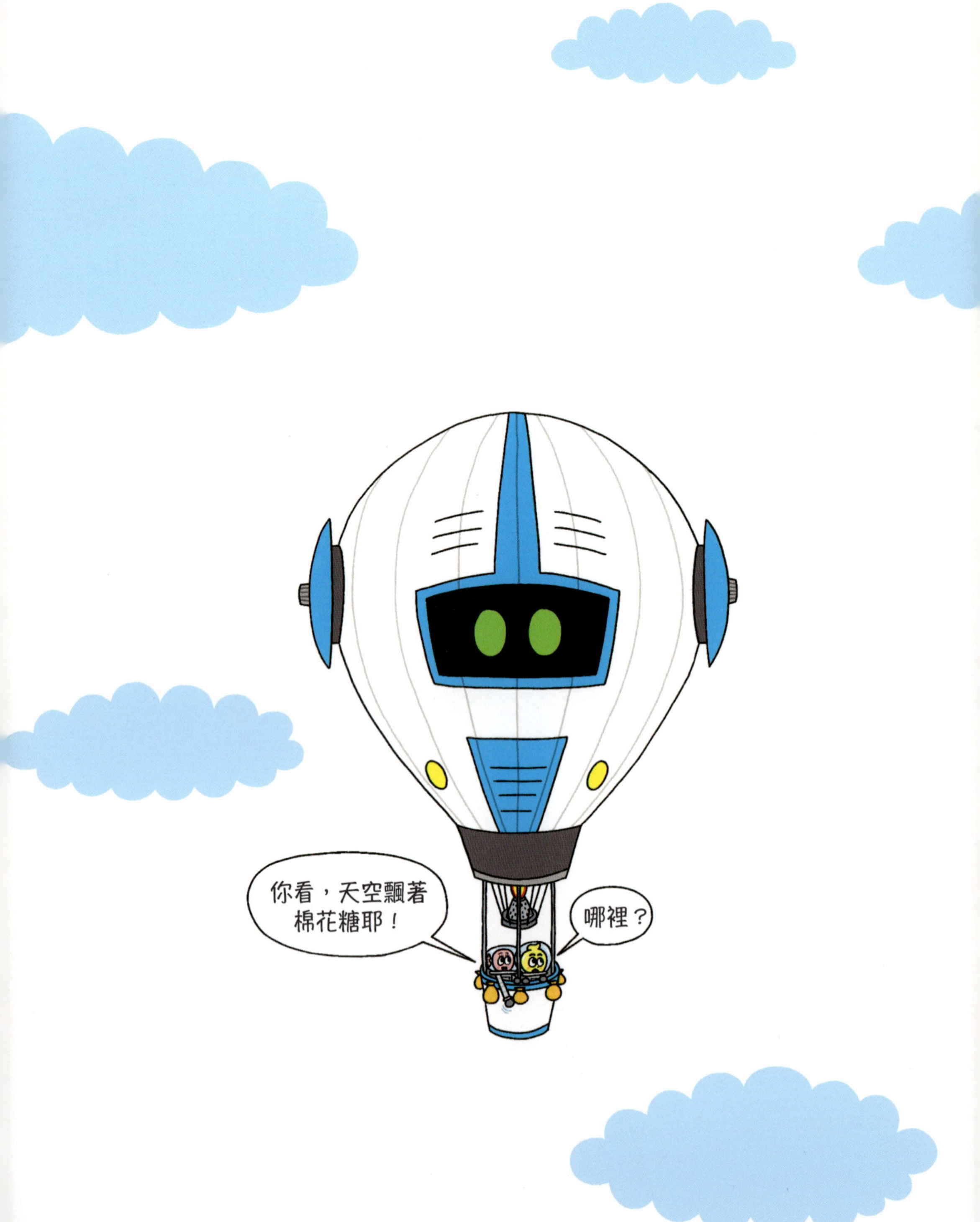
你看，天空飄著
棉花糖耶！
哪裡？

天氣製造者

我是製造天氣的雲，
你知道我的特技是什麼嗎？

1
憋氣游泳
2
唱歌
嗨！
我又來了！
3
突然消失又出現
一定很好吃！
4
吃棉花糖

3 突然消失又出現

我的消失和出現會讓天氣變得不一樣。
我消失的話就是晴天！就算天上有一點潔白的雲，
天氣也還是很好。
陽光也會照射在雲朵之間。

高高的天空上掛著一絲絲捲雲，這表示那天的天氣非常晴朗。

天上飄著一朵朵積雲，這也是晴天的象徵。

很適合野餐的天氣呢！

但我大量出現之後，把大部分的天空都遮住的話，就是陰天！陽光也沒辦法穿透我。

啊，太陽去哪了？

離地面很近又廣泛分布的大片烏雲，是要下雨的徵兆。所以這種雲又被稱為雨雲。

夏天午後，發現天空突然多了積雨雲，就表示快要下陣雨了，出門要記得帶雨傘！

這就是烏雲密佈！

問題

爲什麼陰天的雲顏色會這麼深呢？

①因爲它沒有洗澡　②因爲雲裡面有很多水滴

2 因爲雲裡面有很多水滴

偷偷跟你說我是怎麼形成的吧！

我原本是在陸地上流動的水，溫度升高之後我變成水蒸氣，升到空中。
水蒸氣
河
飛得越高，溫度就越低，所以我又變回水滴或著結凍的小冰晶。
冰晶
水蒸氣
水滴
這些水滴和冰晶聚在一起形成了雲，聚集得越多，顏色就越呈現深灰色。
霧也是水蒸氣轉變成水滴所造成的。霧和我的區別在於它是在離地面較近的地方形成的。
地面

水滴真的很神奇對吧？可以變成像我這樣帥氣的雲，也可以變成霧。

天氣是這樣變化的啊！
是雲在哭嗎？
霧大到看不見前面了！

雨

下雨就是雲裡的水滴掉落到地上的過程，爲什麼水滴會掉下來呢？

陸地！
我胖了嗎？

1 太熱流汗了

2 爲了練習跳水

3 很想念陸地

4 雲變得太重了

2

4 雲變得太重了

之前說過，雲朵裡有著水滴和冰晶。水滴和冰晶互相結合的話，就會變成更大顆的冰晶，重量也更重。

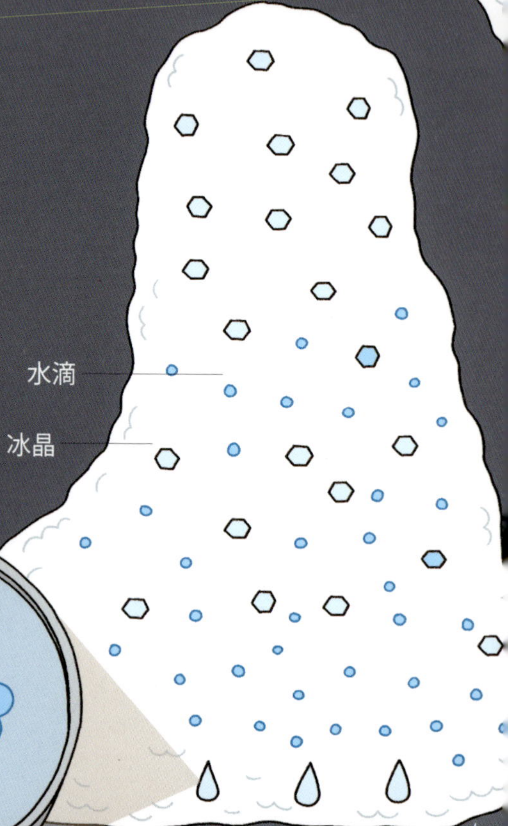
水滴
冰晶

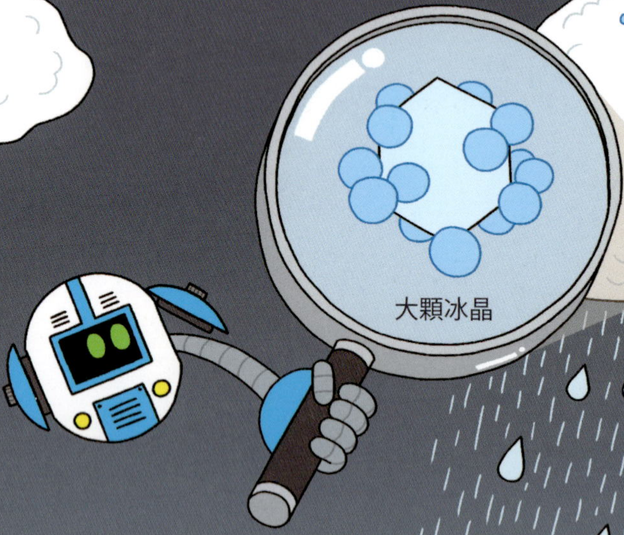
大顆冰晶

體積較大的結晶沒辦法繼續飄在空中，會掉落到地上，這時如果天氣溫暖，大顆冰晶就會融化，變成雨水落下。

下雨了！

天氣冷的話，大顆冰晶就會維持結晶的狀態落下，
這就是下雪。用放大鏡觀察雪花，
會發現它們大部分都是六角形結晶，形狀很類似。

不過雪花的大小也會依天氣不同有所改變。

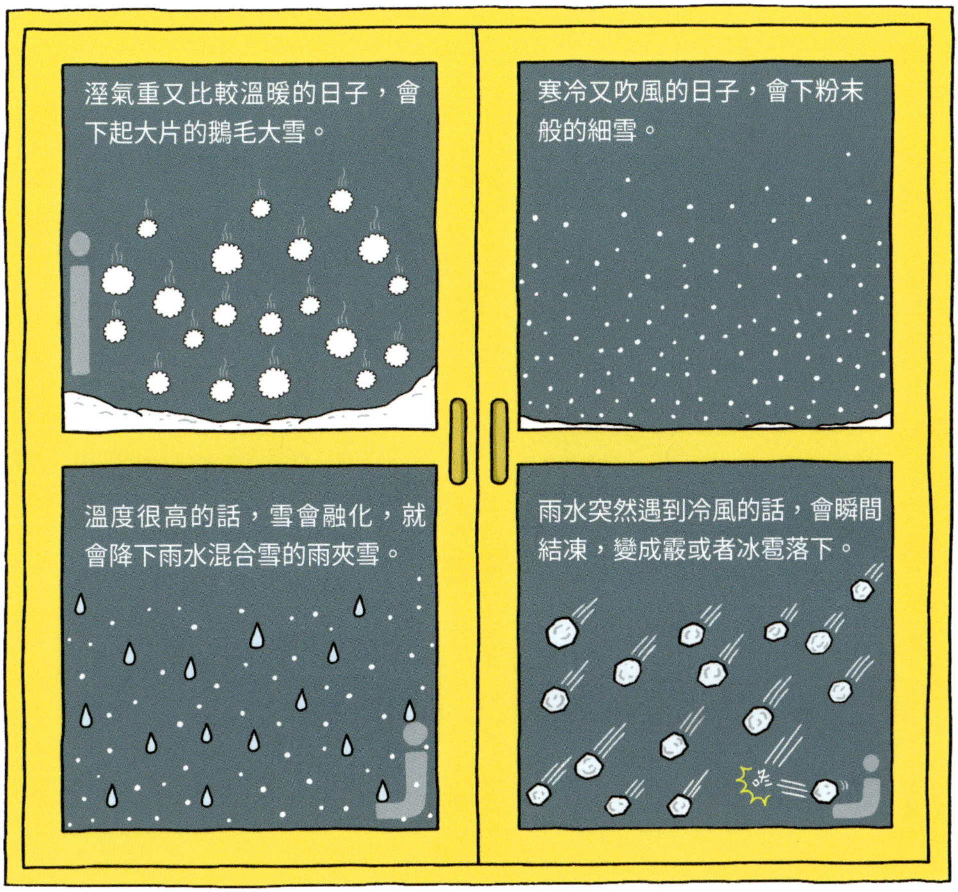
溼氣重又比較溫暖的日子，會下起大片的鵝毛大雪。
寒冷又吹風的日子，會下粉末般的細雪。
溫度很高的話，雪會融化，就會降下雨水混合雪的雨夾雪。
雨水突然遇到冷風的話，會瞬間結凍，變成霰或者冰雹落下。

問題

掉到地上的雨水和雪，之後會怎麼樣呢？

①完全消失　②重新變成雨和雪

2 重新變成雨和雪

不相信嗎？那麼就跟著我來看看吧！

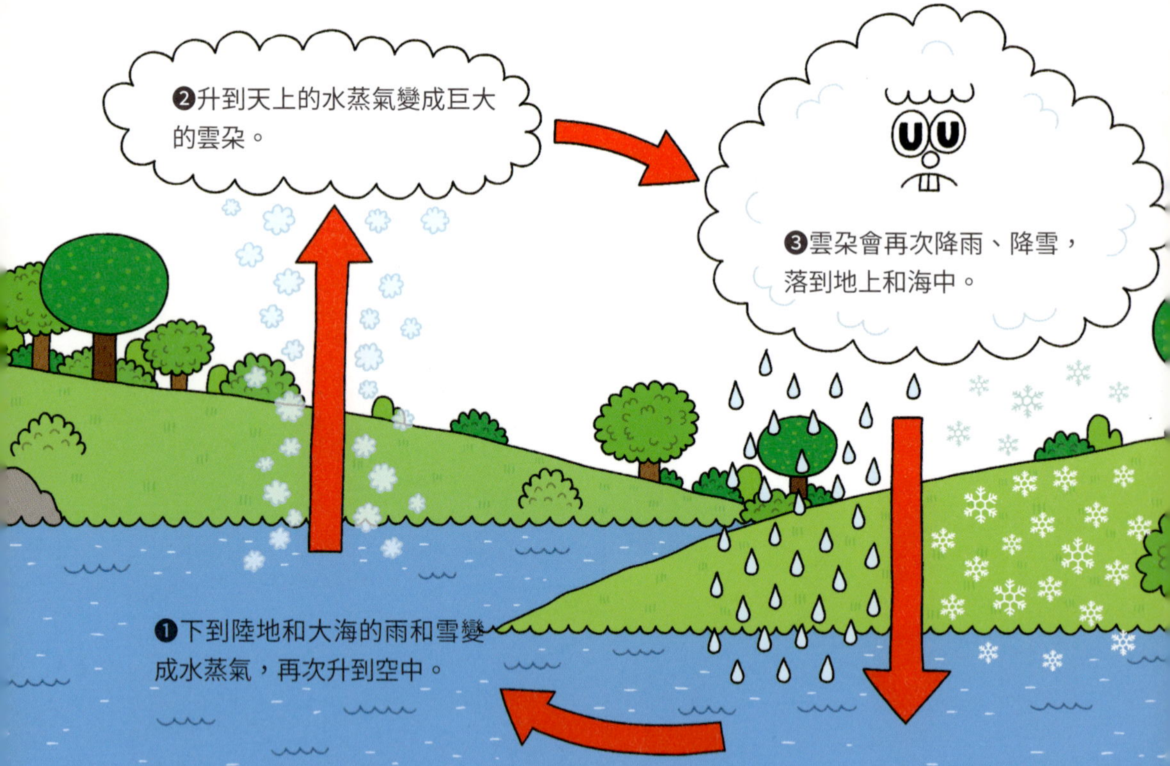

❷升到天上的水蒸氣變成巨大的雲朵。
❸雲朵會再次降雨、降雪，落到地上和海中。
❶下到陸地和大海的雨和雪變成水蒸氣，再次升到空中。

就是這樣持續循環，

地球上把這個過程稱為水循環喔！

下雨讓地球變成愛哭鬼～嗚～
天上一閃一閃的，是有誰在生氣嗎？
還發出轟隆的聲音耶

閃電

我是在雲朵間表演電光秀的閃電，
我的夥伴是誰呢？

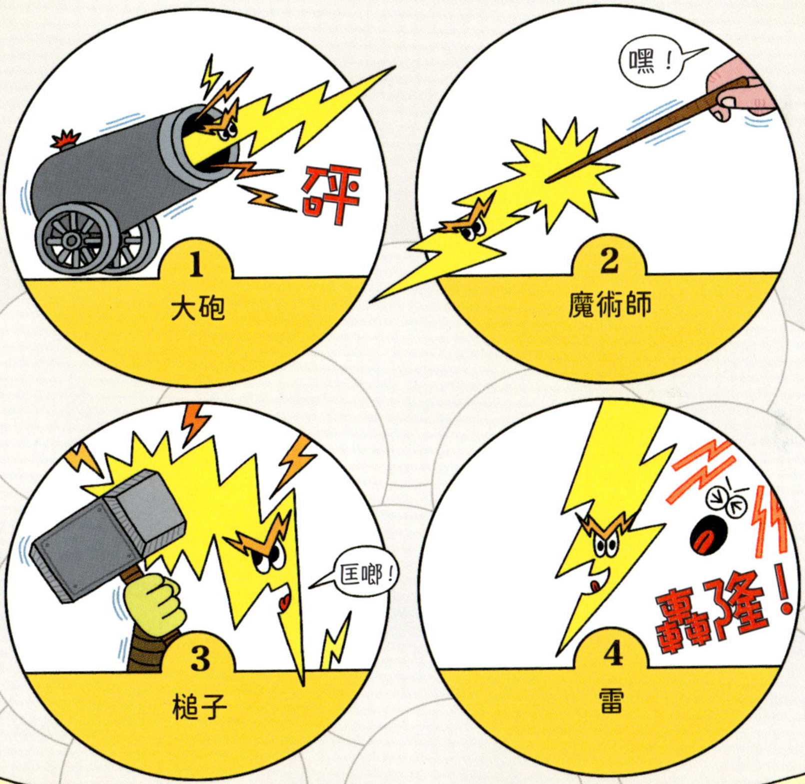

砰
1
大砲
嘿！
2
魔術師
匡啷！
3
槌子
轟隆！
4
雷

3

4 雷

現在開始閃電和雷鳴的電光秀啦！
只要天上飄起會下雨的積雨雲，
雲朵裡面的水滴和冰晶就會相互碰撞產生電，
而電漏到雲的外面，
就會像我們在天空上看到的閃電。

閃電！

嚇了一跳吧？這就是閃電秀！
這時產生的電力大概可以讓
10萬顆燈泡連續亮1小時哦！
別太震驚，
我還有更厲害的呢！

我的夥伴是雷聲，我們總是一起出現！
我的每一道閃電會產生大約3萬度的高溫，比太陽表面溫度高5.5倍。這高溫會加熱周圍的空氣，使空氣膨脹，就會發出「轟隆隆！」的巨大聲響。
這就是雷聲喔！

雖然我和閃電是一起出發的，但聲音的速度比閃電慢
這也就是先看到閃電後，才會聽到雷聲的原因
轟隆隆隆隆！
咆啊！

閃電如果落到地上稱為落雷，
這可是很危險的喔！
落雷擊中房子，建築物會被破壞，
擊中人的話可能會讓他們觸電。
電光秀還是在家裡看就好，好嗎？

問題 **有一種可以防止雷擊的棍子，叫做什麼呢？**

①蜂針　②避雷針　③雨傘針

2 避雷針

告訴你們科學家班傑明．富蘭克林發明避雷針的故事吧！

富蘭克林發現落雷都會先打到又高又尖的建築物上面。
就是那裡！
所以他在自己的屋頂裝了鐵桿，在上面接了適合導電的銅線，一直連到地底下。
抓住閃電，把它引到地下吧！
而閃電終於打到了鐵桿上，並沿著銅線順利地進到地下。
成功了！
呃，我竟然被一根金屬抓到…
在這之後，人們開始在屋頂上都裝設避雷針，免於落雷的威脅。
天氣還會製造閃光和聲音！
嗯？怎麼會有片葉子飄下來了呢？

風

我可以讓樹葉搖晃，
我的本體到底是什麼呢？

1 扇子

噗

2 很強的屁

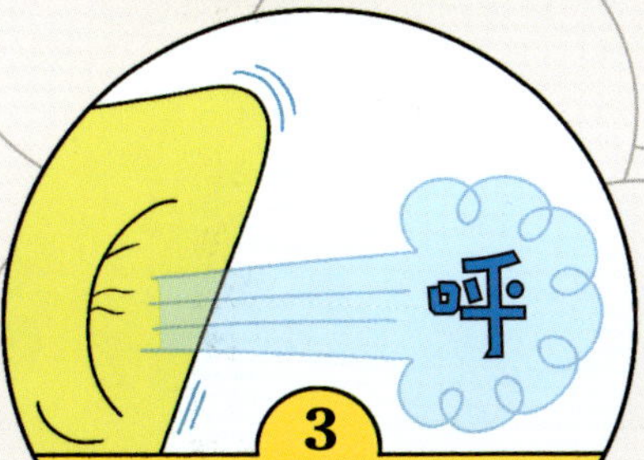
呼

3 巨人的鼻息

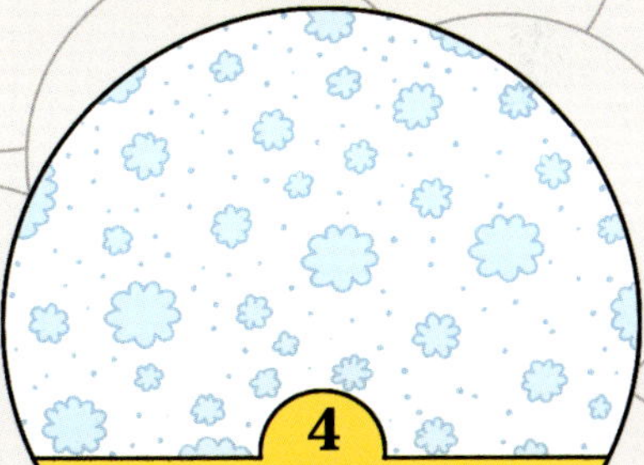

4 空氣

4

4 空氣

我是包圍地球周圍的空氣所形成的風。

我可以大力吹，也可以輕輕吹喔！

微風可以吹走流汗的熱度，
感覺很涼快。
真舒服
呼～
徐風可以把湖水吹得波光蕩漾。
強風可以讓波浪起舞。
疾風可以把雲推走。
去旁邊！
呃！力氣好大！

風之所以會吹，是因為空氣在移動的關係。
空氣不喜歡靜靜待在同一個地方，
所以它們總是會從空氣多的地方往少的地方移動，
這時候就產生我啦！

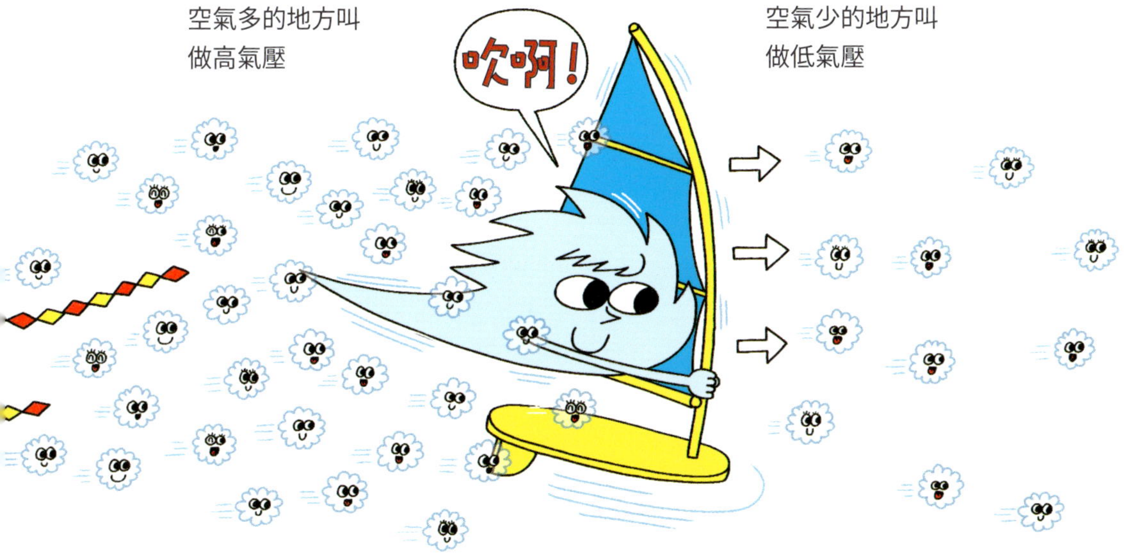
空氣多的地方叫
做高氣壓
吹啊！
空氣少的地方叫
做低氣壓

原來風是從
高氣壓往低氣
壓吹啊！

問題

白天時海邊的風是往哪裡吹呢？

①有船的地方　②往陸地吹　③看波浪想往哪吹

2 往陸地吹

空氣在溫度升高時重量會變輕，
而陸地白天的時候比海洋溫暖，
所以陸地區域的空氣比海上的空氣來得輕。

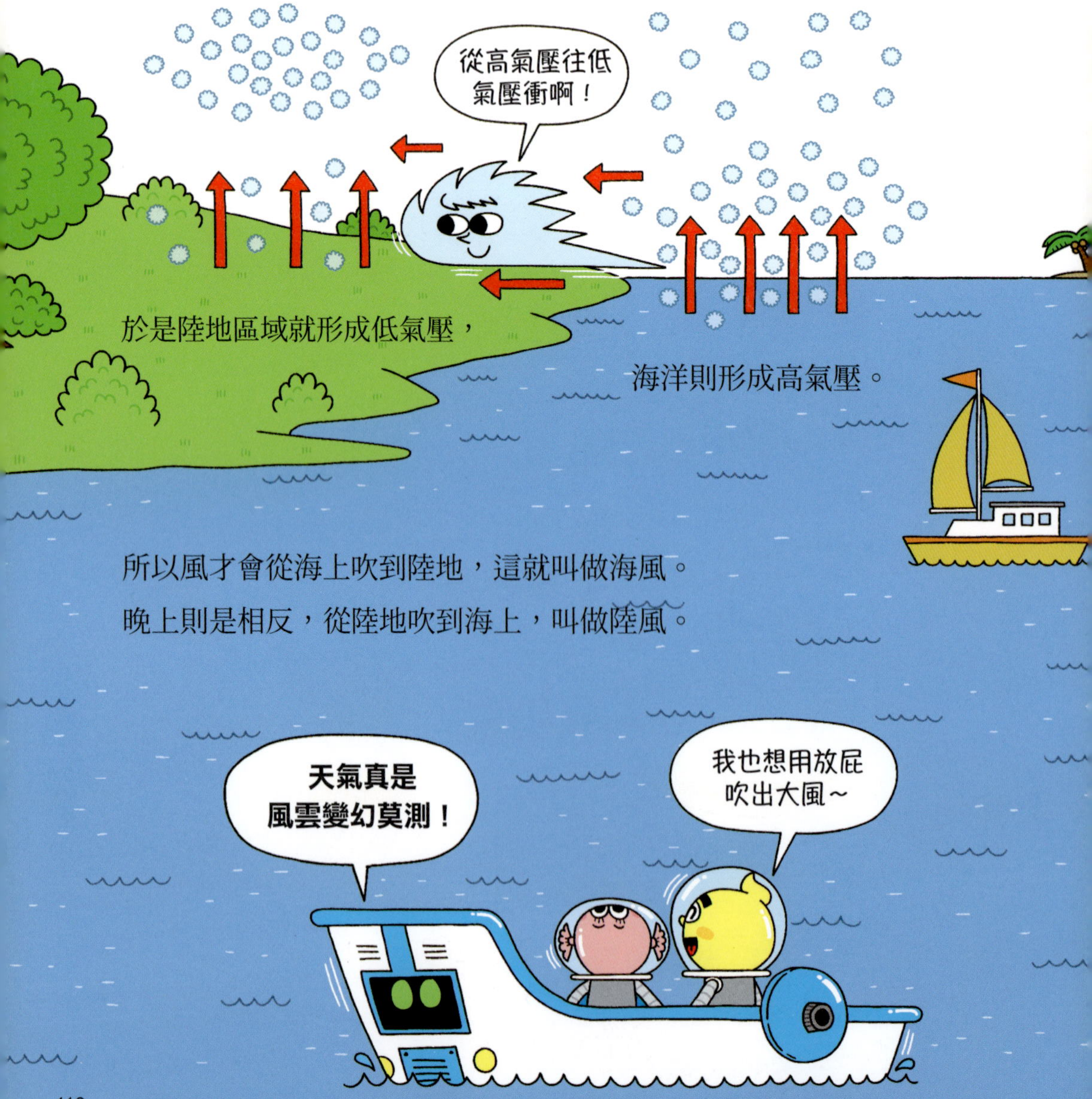
從高氣壓往低氣壓衝啊！
天氣真是風雲變幻莫測！
我也想用放屁吹出大風～

於是陸地區域就形成低氣壓，

海洋則形成高氣壓。

所以風才會從海上吹到陸地，這就叫做海風。
晚上則是相反，從陸地吹到海上，叫做陸風。

氣團

我們是製造出風的大團空氣，
我們真正的名字叫做什麼呢？

我很會
運動！

1 壯壯

2 氣球

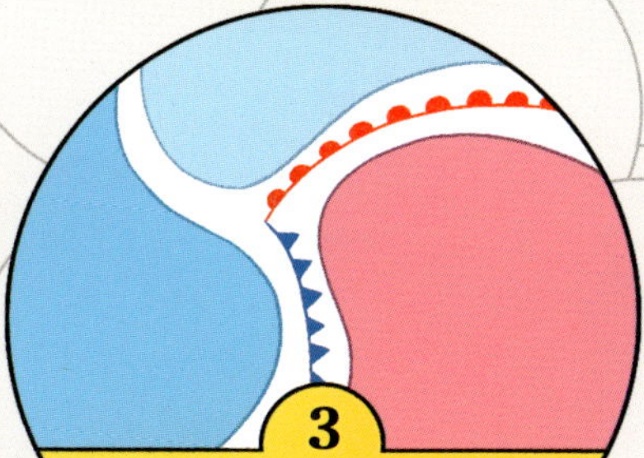

3 氣團

4 公主

5

3 氣團

我們的性質根據出生地的不同，會有很大的變化。我們會分布在四周，等輪到自己的時候，就會讓土地吹起大風。每個季節的天氣也會因為我們有所變化。

我是掌控冬天的西伯利亞氣團，我在又冷又乾燥的地方長大，所以吹出來的冬風可是冷到刺骨呢！
我是長江氣團，我掌控了春天和秋天，我生長在溫暖又乾燥的地方，吹出來的風非常溫暖宜人
溫暖到想睡覺了呢！

我是在晚春和初夏活動的鄂霍次克海氣團，我出生的地方濕氣很重，所以我吹出來的風也很濕潤
嗶！外出請記得帶雨具！
我是掌控盛夏的北太平洋氣團，我生長的地方濕度高，天氣很熱，所以我吹出來的風也是又黏又悶熱

問題

鄂霍次克海氣團和北太平洋氣團相遇時會發生重大事件，是什麼呢？

①冒愛心出來　②歌唱比賽　③梅雨

3 梅雨

6月末、7月初的時候，
鄂霍次克海氣團和北太平洋氣團，就會在天空上碰在一起，
這時兩個高壓氣團相遇的地方，就會出現梅雨鋒面。

鄂霍次克海氣團
北太平洋氣團
梅雨 鋒面

充滿濕氣的兩個高壓氣團會互相較勁，
誰都不想被對方壓制，會在上方盤旋一個月左右，
這時形成的梅雨鋒面便會下起雨來，這就是梅雨。

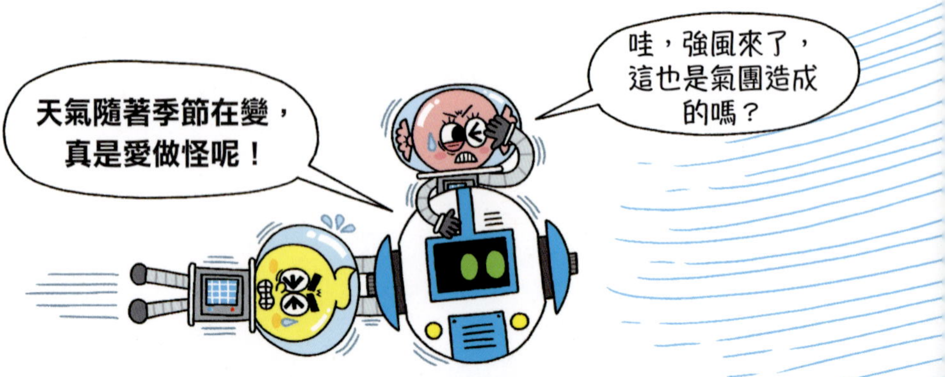
天氣隨著季節在變，真是愛做怪呢！
哇，強風來了，這也是氣團造成的嗎？

颱風

我是非常巨大的一種雨雲，
我是從哪裡出生的呢？

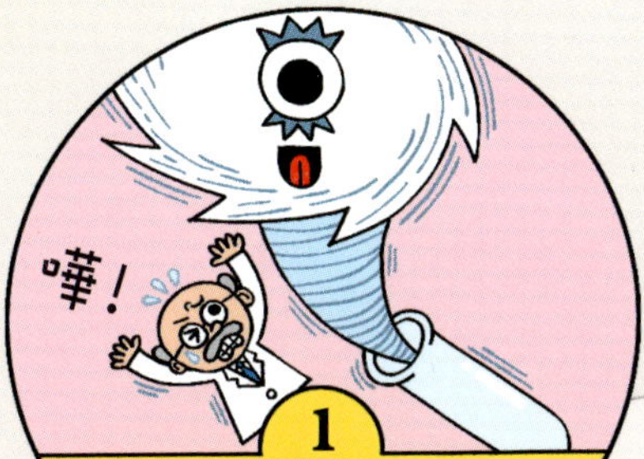
嘩！

1 實驗室

嘿！

2 赤道附近

咻！

3 山神住的泉水

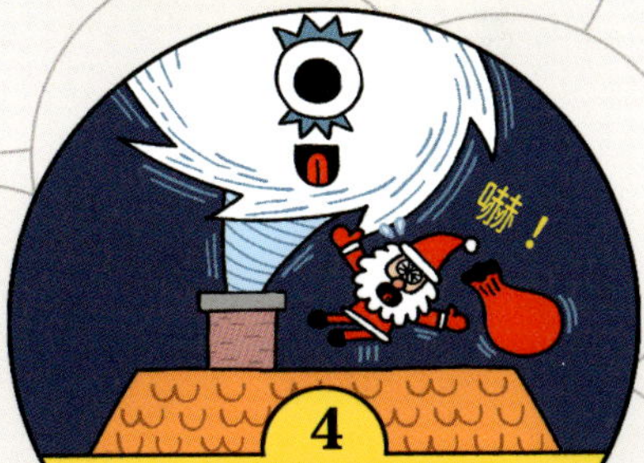
嚇！

4 煙囪

6

2 赤道附近

我是每年7～10月之間，
在海水溫度超過26度、赤道附近的海域出生的。
要聽聽我的故事嗎？

我的故事
很精彩喔！

1.

赤道附近的溫度很高，
所以會產生許多水蒸氣。
當這些水蒸氣聚在一起，
我就出生了。

哎呀，
頭好暈哪！

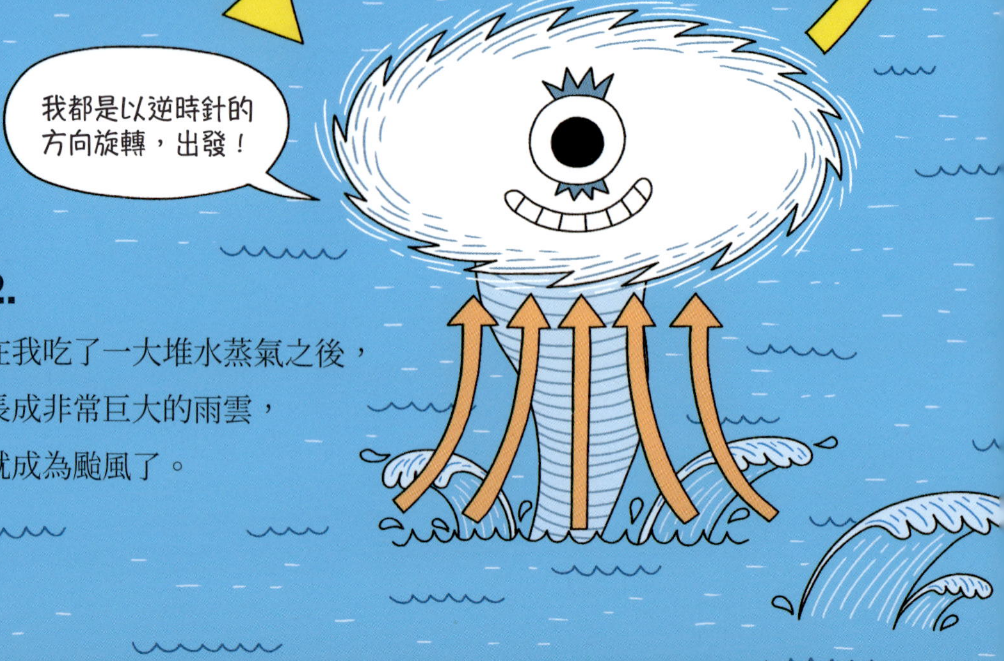
我都是以逆時針的
方向旋轉，出發！

2.

在我吃了一大堆水蒸氣之後，
長成非常巨大的雨雲，
就成為颱風了。

聽說巨大颱風的半徑可以高達500公里呢！
換我出場啦！
颶風拳頭出動！
我快被風吹走了！
房子都被淹沒了！

3.

我離開炎熱的地方，
朝西北方前進，我所經過的海面，
都會被我的強風掀起非常高的波浪。

4.

到達陸地時，
我也會把狂風豪雨整個帶過來。

問題

颱風其實也有名字哦！下列哪一個是我朋友的名字？

①冰箱　②梅米（蟬）　③披薩

② 梅米（蟬）

梅米是在2003年造成韓國巨大災害的颱風。
我們颱風一年在赤道附近會生成25個左右，
人們都很關心我們會往哪裡去。
所以才會一直觀察我們，幫我們取名字。
來看看颱風究竟被取了哪些名字吧！

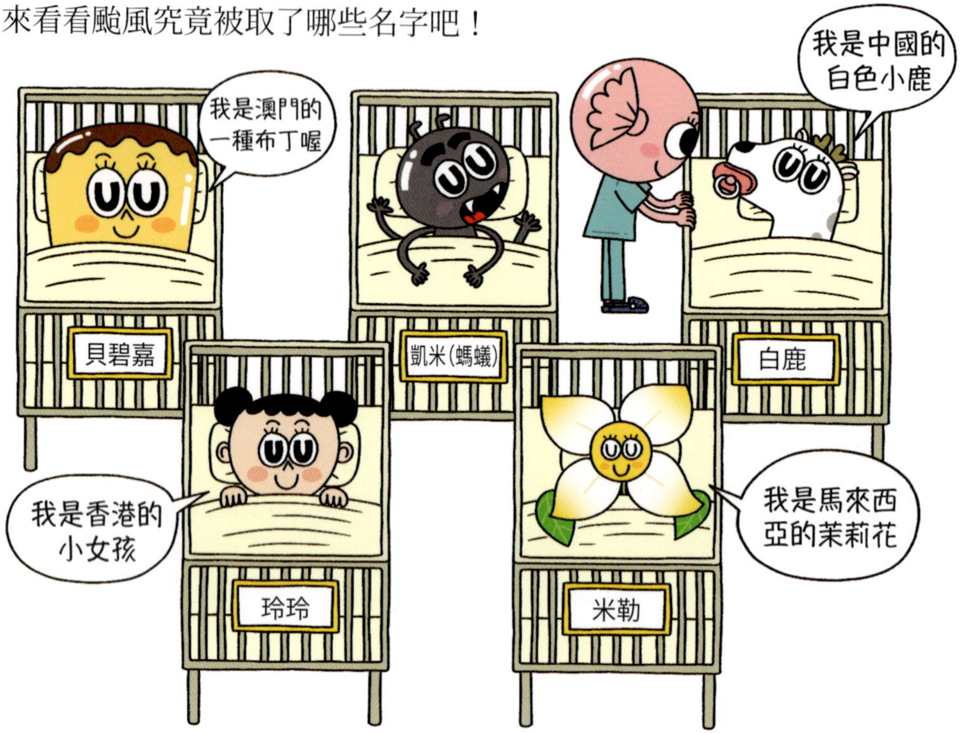
我是中國的白色小鹿
我是澳門的一種布丁喔
貝碧嘉
凱米(螞蟻)
白鹿
我是香港的小女孩
玲玲
米勒
我是馬來西亞的茉莉花

如果造成災情嚴重的颱風，那個名字就會被馬上刪除，
所以曾經是超強颱風的「梅米」，這個名字也已經被移除了。

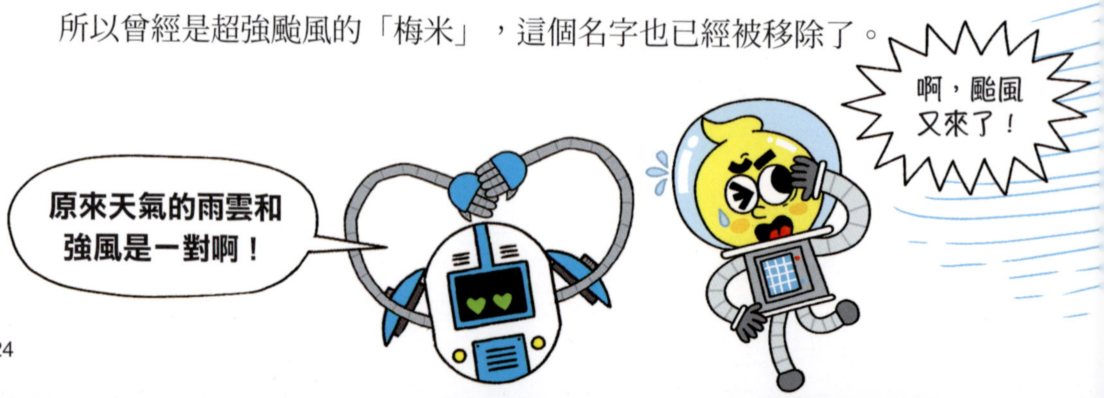
啊，颱風又來了！
原來天氣的雨雲和強風是一對啊！

天氣預報

我可以先告訴你們未來的天氣，
講解天氣的人叫做什麼呢？

天靈靈
地靈靈
1
占卜師
換我出場了
2
青鳥
關節酸痛，
明天要下雨了！
3
老奶奶
你是誰啊？
我是做天氣預報的！
4
氣象播報員

7

4 氣象播報員

天氣預報是如何被製作出來的呢？氣象播報員一上班，就要先開始蒐集觀測氣象狀態的資料。

溫度10度，濕度60%
百葉箱
風向儀
現在吹西南風
無線電探空儀
雲正往東邊移動
雷達
波浪很高
海上浮標
現在是高氣壓

再把資料輸進超級電腦，超級電腦就會分析資料，做成天氣圖。

天氣預報完成！
這就是超級電腦！
KMA
（大韓民國氣象廳）

終於預測完畢了。

氣象播報員會把我用簡單易懂的方式解釋給大家聽。

110°
150°
882
低
40°
高
1014
高
1016
高
有高氣壓的地方是晴天。
低
有低氣壓的地方是陰天。
這個符號尾巴越多，代表風越強。圓圈中間是空心的，表示無雲。
以下是氣象預報。明天雖然是晴朗無雲的天氣，但風勢很大呢！

不看天氣圖的話，看某個東西也能預知天氣，是什麼呢？

問題

①日記　②媽媽的表情　③動植物的樣子

3 動植物的樣子

從前的人會透過仔細觀察動物的行動或植物的模樣來預測天氣。

大家都是了不起的氣象預報員呢！

小鳥飛得很低，就是快要下雨的跡象。
水母成群移動的話，表示暴風雨就要來了。
螞蟻築巢的日子總是萬里無雲。
第一朵梔子花開時，梅雨季就開始了。

不管是過去還是現在，人們總是想要預知天氣。

應該是因為想要更安全地面對未來吧！

原來天氣可以畫成圖！
嘻嘻，我要畫圓滾滾星球
哈、哈、哈啾！鼻子好癢

懸浮微粒

我是非常細小的灰塵，
你知道我有多小嗎？

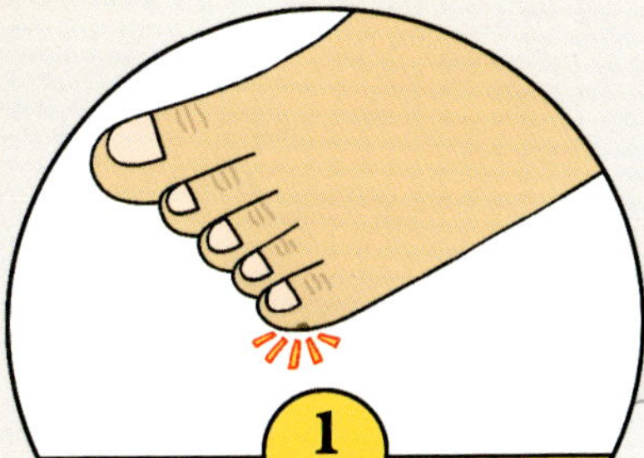

1 跟腳趾的汙垢一樣

2 跟小狗的眼屎一樣

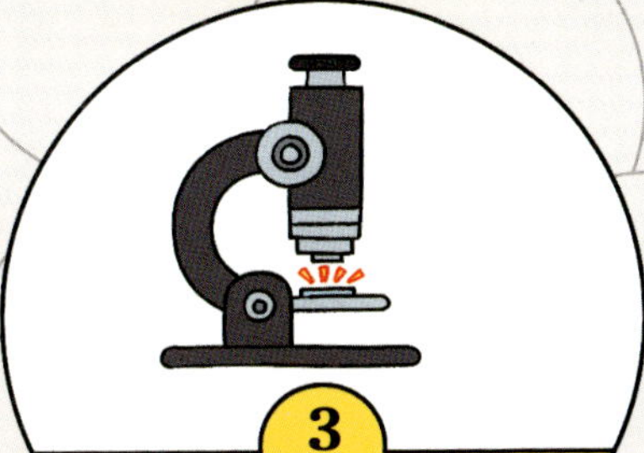

3 用顯微鏡才看得到

不要小看我！

4 連小辣椒都會嚇到的那麼小

8

3 用顯微鏡才看得到的程度

我是灰塵，小到只能透過顯微鏡才看得到我！
但人類對我好像都很警惕，
居然還做了這種懸賞單呢！

懸賞通緝令

通緝

名　　字	懸浮微粒
出生地	汽車廢氣、工廠廢氣、營建工程粉塵
特　　徵	經常出現在人們附近，但肉眼絕對看不見
大　　小	頭髮粗細的5分之1
犯罪內容	任意進入人類身體各處，引發多種疾病。

*若同時舉報更小的超細懸浮微粒——沙塵暴，則獎金加倍！

₩1,000,000

(韓幣1百萬約台幣23,000元)

其實我不是每次都那麼危險啦！
就算我在空氣中的濃度變高，只要風一吹，
我就會飄散到各處。但是如果沒有風的話，
我在空氣中濃度變高，就會對人類的健康造成危害。

跑進眼睛會引發眼部疾病，

癢到流眼淚吧？

跑進鼻子會引發呼吸道相關疾病。

不斷地打噴嚏，還會呼吸困難

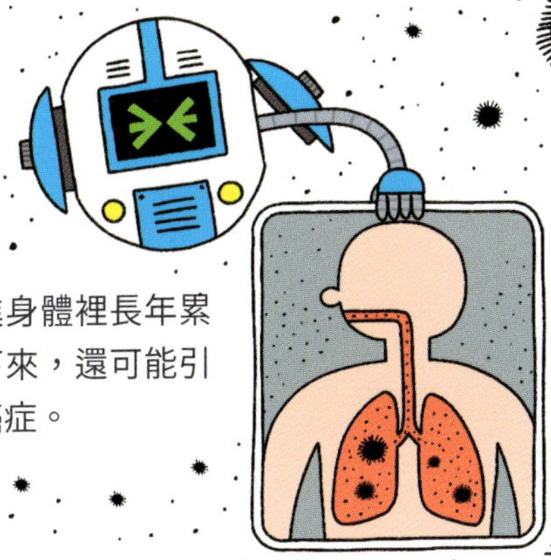

跑進身體裡長年累積下來，還可能引發癌症。

我可是非常危險的灰塵呢！

尤其是冬天和春天，來自中國的沙塵暴會使空氣中的懸浮微粒濃度提高，那時候就很危險，一定要戴上口罩喔！

問題

還有另一個東西像我一樣，肉眼看不見卻很危險，是什麼呢？

①直線　②紫外線　③透明人

2 紫外線

紫外線是太陽光的一種。夏天的時候陽光變強，紫外線也會變多。這種時候不要出門比較好。長時間照射紫外線的話對人體有害喔！如果一定要出門，就要使用隔絕紫外線的產品（防曬）、戴帽子、太陽眼鏡等擋住陽光，保護自己的身體。

照射太多紫外線，
臉會被曬得黑黑的
也可能被曬傷
會導致皮膚癌
還會長出雀斑
天氣有時對健康也有害呢！
夏天快過了，再忍耐一下！

24節氣

從前的人把一年分成24節氣，
就有了我，區分的基準是什麼呢？

1 季節和天氣變化

我是國王，
我說得算！

2 國王的心情狀態

今天心情
不錯！

3 看天神的喜怒哀樂

4 動物生小孩的時期

9

1 季節和天氣變化

我是可以一眼看出季節和天氣變化的曆法，
原本是務農的人用的，
現在則被用來判斷季節變化。

人家說小雪、大雪的時候會下很多雪，是真的耶！
小寒
大寒
冬至
大雪
小雪
立冬
霜降
寒露
秋分
白露
處暑
立秋
1月
12月
11月
10月
9月
8月
帶回去當紀念品吧！
哇，有了二十四節氣，就可以更準確地預測天氣了耶！

大雪
12月8日左右，天氣寒冷，
下很多雪。

霜降
10月23日左右，會下霜，
是楓葉最美的時候。

立春
雨水
驚蟄
春分
清明
穀雨
2月
3月
4月
立夏
小滿
芒種
夏至
小暑
大暑
5月
6月
7月

睡飽了！
春天到了啊！

驚蟄

3月5日左右，冬眠的青蛙醒來，告知春天的來臨。

小暑

7月7日左右，被稱爲三伏天的炎炎夏日開始了。

太熱了～

問題

四季分明的天氣，我們稱做什麼？

①四季氣候　②溫帶氣候　③暖爐氣候

② 溫帶氣候

熱帶氣候
溫帶氣候
副極地大陸性氣候
乾燥氣候
寒帶氣候
高山氣候

氣候和每天會有變化的天氣不一樣，
是長期反覆的天候變化。
地球有好幾種氣候。

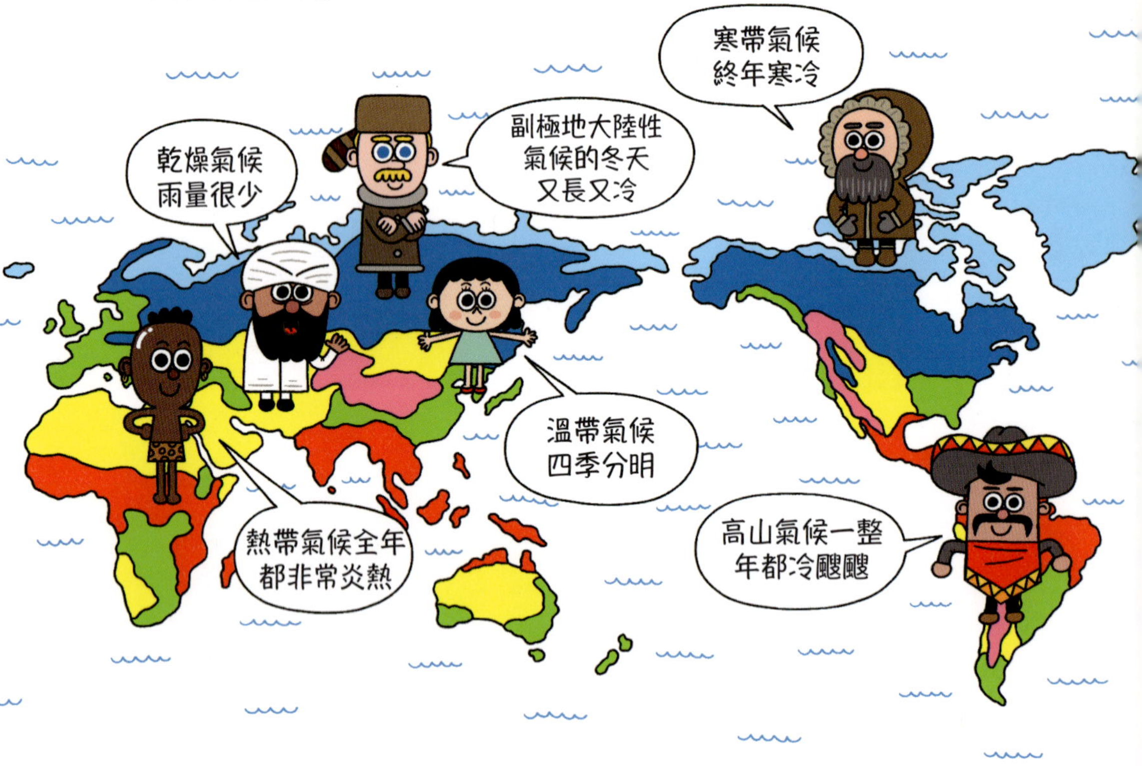
寒帶氣候終年寒冷
副極地大陸性氣候的冬天又長又冷
乾燥氣候雨量很少
溫帶氣候四季分明
熱帶氣候全年都非常炎熱
高山氣候一整年都冷颼颼

溫帶氣候是最適合人類生存的舒適氣候；
乾燥氣候和寒帶氣候則不適合人居住。
但這些氣候最近也有著巨大的變化。

真是太神奇了！
原來天氣有這麼多樣貌！

冰河

我是在寒冷地區才有的巨大冰塊，我是怎麼出生的呢？

1 企鵝一塊一塊堆起來的

2 艾莎用魔法做出來的

3 積雪長時間固化而成的

4 海水吃了刨冰變成的

10

3 積雪長時間固化而成的

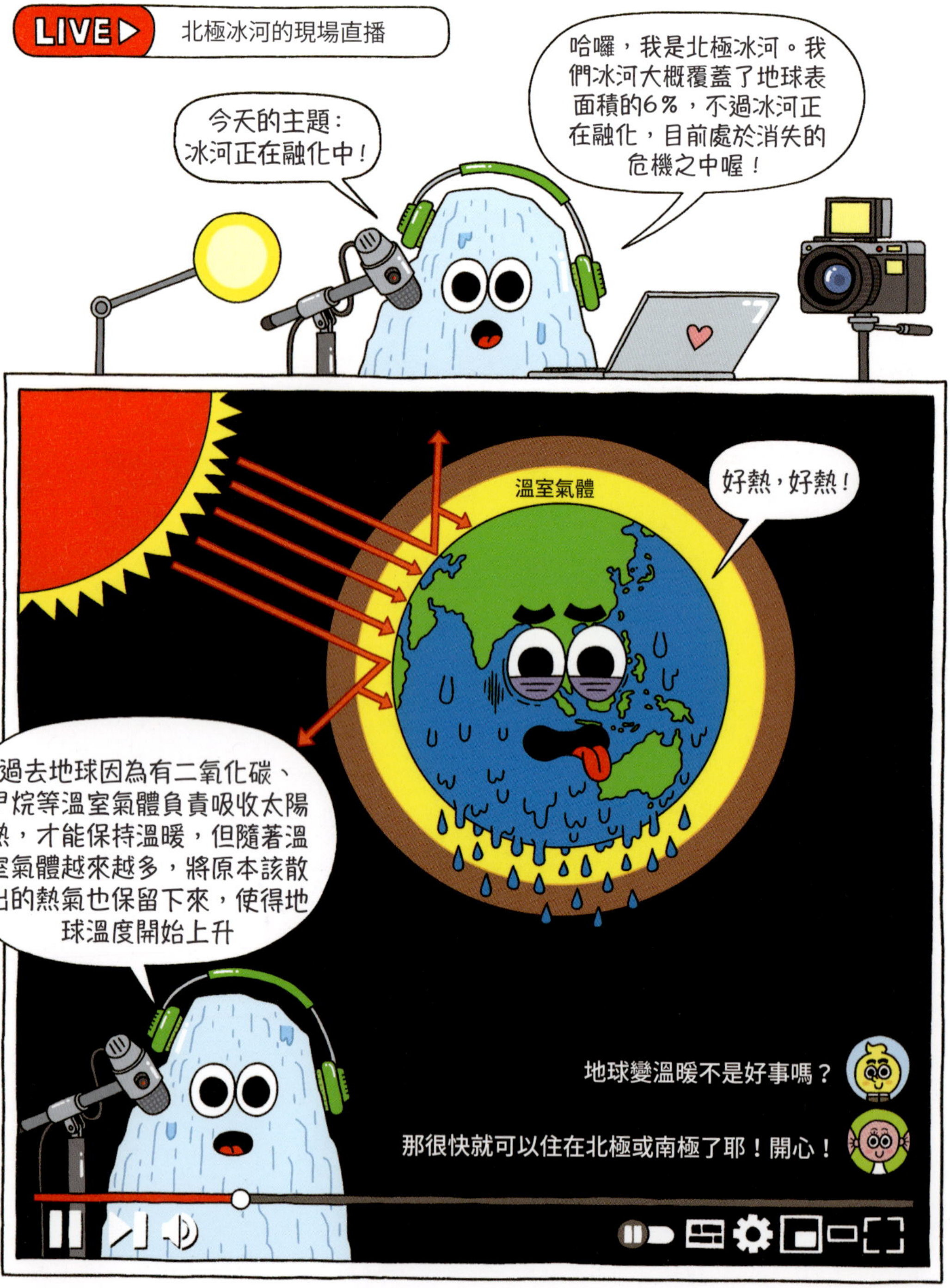
LIVE
北極冰河的現場直播
今天的主題：冰河正在融化中！
哈囉，我是北極冰河。我們冰河大概覆蓋了地球表面積的6％，不過冰河正在融化，目前處於消失的危機之中喔！
溫室氣體
好熱，好熱！
過去地球因為有二氧化碳、甲烷等溫室氣體負責吸收太陽熱，才能保持溫暖，但隨著溫室氣體越來越多，將原本該散出的熱氣也保留下來，使得地球溫度開始上升
地球變溫暖不是好事嗎？
那很快就可以住在北極或南極了耶！開心！

我的家越來越小了！
才不是這樣！地球溫度升高，冰河融化會發生災難的
我的朋友北極熊出門打獵，結果因為冰都融化了，卡在水裡沒辦法上岸，差點死掉。

海水溫度也因此升高，害魚兒們不得不離開最愛的故鄉
水溫太高了
聽說因此受到影響的不只有動物們。
天啊！真是太可怕了！

問題

地球溫度上升，使氣候改變這件事叫做什麼？

①氣候正常　②氣候異常　③氣候特別

2 氣候異常

氣候異常指的是不正常的氣候變化。
因為是過去沒有經歷過的天氣，所以沒辦法預測。
希望大家從現在開始關注並留意氣候變化，
那麼就能發現異常氣候狀況。

夏天一年比一年熱
喘
喘
喘
喘
喘
喘
喘
喘
天哪！40度！？才出門就流汗了
冬天變得更冷
抖
抖
抖
抖
抖
抖
抖
零下20度？我在冷凍庫裡嗎？
短延時強降雨和颱風越來越頻繁
整個村子瞬間變成游泳池了
長時間持續性的乾旱
兩個月沒下雨，稻子都枯死了，今年沒米吃了
天氣有時也很殘暴！
不要融化我！

快樂的糖果料理時間！
先在空格中填上天氣的10個關鍵字吧

聚集了許多水滴或冰晶的雲是○○製造者。

雲朵裡的水滴變多之後落到地上，就變成了○。

○○是電漏到雲的外面而產生的電光秀。

空氣從高氣壓移動到低氣壓，就叫做○。

在我們上空周圍的○○會依季節製造出不同的天氣。

○○是非常巨大的雨雲，它會帶來強風和豪雨。

可以告訴大家未來的天氣，就叫做○○○○。

○○○○是非常細小的灰塵，對身體有害，所以要小心。

24○○可說是能讓人一眼看出天氣變化的曆法。

地球溫度上升會使○○融化，引發氣候異常。

天氣製造者、雨、閃電、風、氣團、颱風、天氣預報、懸浮微粒、節氣、冰河

都找齊了！
撲通！撲通！
丟！
冰河
氣團
把10個關鍵字丟進糖果機裡吧！
變身料理開始！
來點雲朵棉花糖！
再加上雷電之力吧！
嘿！
轉啊
轉啊
轉啊
轉啊
再讓強風幫我們旋轉的話，
會出現什麼口味的糖果呢？

這就是
千變萬化的
天氣口味
變化無窮的
風向儀糖果
天氣糖果
完成！

Orange Science 09

酸酸甜甜的地球科學糖果

探索地球科學裡的10個關鍵字

陽華堂 著／朴宇熙 圖

出版發行

作　　者	陽華堂	
繪　　者	朴宇熙	
翻　　譯	徐小為	
總 編 輯	于筱芬	CAROL YU, Editor-in-Chief
副總編輯	謝穎昇	EASON HSIEH, Deputy Editor-in-Chief
業務經理	陳順龍	SHUNLONG CHEN, Sales Manager
美術設計	點點設計×楊雅期	

열 단어 과학 캔디: 지구과학(10 Words Science - Earth and Space)

First published in 2023 in Korea by Woongjin Thinkbig Co., Ltd.

This Traditional Chinese edition is published by arrangement with Woongjin Thinkbig Co., Ltd.
Through Shinwon Agency Co.

出版發行

橙實文化有限公司 CHENG SHI Publishing Co., Ltd
ADD／320013桃園市中壢區山東路588巷68弄17號
No. 17, Aly. 68, Ln. 588, Shandong Rd., Zhongli Dist., Taoyuan City 320014, Taiwan (R.O.C.)
TEL／（886）3-381-1618 FAX／（886）3-381-1620
粉絲團 https://www.facebook.com/OrangeStylish/
MAIL: orangestylish@gmail.com

經銷商

聯合發行股份有限公司
ADD／新北市新店區寶橋路235巷弄6弄6號2樓
TEL／（886）2-2917-8022　FAX／（886）2-2915-8614

初版日期 2025年6月